广义计划学

——建筑业持续健康发展的关键理论与实践

李百毅　郑　敏　李百战 ◎ 著

西南交通大学出版社
·成都·

图书在版编目（ＣＩＰ）数据

广义计划学：建筑业持续健康发展的关键理论与实践 / 李百毅，郑敏，李百战著. —成都：西南交通大学出版社，2019.3
ISBN 978-7-5643-6689-6

Ⅰ. ①广… Ⅱ. ①李… ②郑… ③李… Ⅲ. ①建筑设计 – 可持续性发展 – 研究 Ⅳ. ①TU2

中国版本图书馆 CIP 数据核字（2018）第 290710 号

GUANGYI JIHUAXUE
—JIZHUYE CHIXU JIANKANG FANZHAN DE GUANGJIAN LILUN YU SHIJIAN

广义计划学
—— 建筑业持续健康发展的关键理论与实践

李百毅　郑　敏　李百战　著

责任编辑／杨　勇
助理编辑／王同晓
封面设计／原谋书装

西南交通大学出版社出版发行
（四川省成都市金牛区二环路北一段 111 号
　西南交通大学创新大厦 21 楼　　610031）
发行部电话：028-87600564　028-87600533
网址：http://www.xnjdcbs.com
印刷：四川森林印务有限责任公司

成品尺寸　170 mm×230 mm
印张　11.5　　字数　183 千
版次　2019 年 3 月第 1 版
印次　2019 年 3 月第 1 次

书号　ISBN 978-7-5643-6689-6
定价　68.00 元

图书如有印装质量问题　本社负责退换
版权所有　盗版必究　举报电话：028-87600562

前　言

在我国，"计划"这个词与"自由地"一样，是中国二十世纪六十、七十年代人们的一种特殊的记忆。在那个计划经济的年代，全国大到制度建设，小到衣食住行，都是得按"计划"实施。那时候吃顿肉，置件新衣服都得有计划（粮票、布票、肉票）。当然发生这一切的一个重要前提是当时国民经济不够发达，物资资源供应不足，人民必须在物资资源的约束下生活。而今天的年轻人，在基本生活物质较充裕的情况下，吃肉、穿衣等事情也基本无须计划。如果非要说有计划的话，那也是时间的计划（有钱却没时间消费）。因为对现在的人们来说食物与布料已充足，而时间对于现在的人们来说却比以往更加可贵。由此可见，计划是约束条件下进行有效分配与工作的重要办法之一。也正是基于这种认识，中华人民共和国成立初期国内进行大生产大发展的时候，在资源极其有限的情况下，我国著名的科学家钱学森与华罗庚两位前辈在中国推广计划学，以实现国民大生产中的统筹与优化问题。对二十世纪六十、七十年代的人来说，这二位前辈的《统筹方法及平话》《优选法及平话》以及钱老的《论系统工程论》，与改革初期的《厚黑学》以及目前的《马云自传》一样普及，也深深地影响了一代人。只是进行改革开放时期，人们可以更快地通过生产或者交易规模与信息，专营商品的全生命周期中的其他环节来快速获得利益。而需要一定理论功底与复杂处理过程的计划方法，虽然在资源有限的情况下通过统筹与优化实现最终目标，但却慢慢没落。类似一个国力有限的国家或个人可以通过设置缜密的发展策略逐步发展，也可以通过合纵连横、联姻方法得到快速发展。

计划自古就有，古代中国与计划相类似的有谋略、庙算、谋划等，比如"孙子兵法"在国外就翻译成"孙子战略法""孙子谋略法"，甚至有"庙算多者胜"的著名论断。目前在国际上，计划与战略、规划、策划、日程、安排、优化有着相近的含义，甚至有学者认为计划就是"在头脑中实施"。

本书为什么要提出广义计划学这一命题呢？为什么本书又把这一命

题限制于建筑业？笔者并不认为计划学已经完全过时，也不想对传统计划学进行否定。事实上我们提出广义计划学这一命题，是想对目前国内外对计划学的概念逐步细化的这一趋势提出我们的倡议。从某种意义上来说，我们更倾向于它是一种回归，是战略、规划、策划、优化，是"头脑中的实施"。由此可见，广义计划学的对象可以是国家安全、国家发展，也可以是某一行业、某一事务。对建筑业来说，我们更倾向于研究与阐述本专业的理论与实践。因此，笔者在广义计划学这一大的命题下，又添加了副标题，进行待指与聚集。建筑业一直是我国国民经济的支柱产业之一，在国民经济和社会发展中占有十分重要的地位。然而与其他产业相比，建筑业依然未摆脱传统的生产和管理模式，许多工程项目无法在预算内按时、按质、经济、高效地完成。我们目前正处于大变革时代，我国也正是从中国制造到中国创造的重要转折期，改革初期的政策与人口红利已被粗放的大规划生产方法消耗殆尽。我们可以预见计划学和建筑事业，无论在数量、规模、内容、方法以及发展速度方面都将发生深刻的变化。曾经，成都饭店还是国内顶级高难度大型建筑项目，随着商业活动的扩大，商业综合体得到快速发展。而几年一晃，奥运会系列项目与世博会项目等，动辄上百平方公里的区域新建项目，标志着建筑业快速过渡到了城市开发与运营级别。尤其是互联网的高速发展，使我们的行业协同已跨越地域与时空，通过这些实实在在的计划与建筑业的实践，人们已深刻感觉到了这种快速惊人的变化。我们比历史上的任何一个时期更需要计划。建筑业如何应对这种变化，需要我们全面系统的分析与思考。

对于建筑业的从业人员来说，施工计划是广为熟悉的。从业务流程上来说，施工的上流是设计，因此不可避免地大家都考虑到建筑设计计划。住下是采购与加工，或是生产计划、劳动力计划、资金计划、场地计划、材料设备计划、验收计划等。从行业来分，计划又有开发计划、营销计划、设计计划、施工计划、招采计划、资金计划等。然而，不同的计划均有特殊性与独特性，笔者几年前尝试从目标管理的角度，以地产开发的视角提出：地产开发全过程计划，是一种偷懒、粗暴型的计划管理模式，完全忽视各专业、各阶段的计划特征。变计划为节点管控，也是一种在人力、物力极度缺乏的环境下不得而为之，之后风火的全景计划模板也是节点管控的典型做法。其实，从本质来说，建筑业的计划三分天下，以建筑设计为中心，该计划特点是具有迭代特征的以信息流为基础的任务分配与排序。而上则是基本数据与经验的分析与决策任务的分配与排序，之下则是以相对固定的物理逻辑关系为主，辅以大量信息协同的任务分配及排序。

我们已经认识到，工程项目的成功实施对全体利益相关方都是十分必要的。政府、投资主体、参建单位、最终租户、消费者以及公众都受益于高品质前提下的工程建设的快速与高效。而项目的成功实施包括目标、决策、路径和方案聚集下的整体系统。计划工程师的主要职责是研究和分析统一目标下的各种影响因素之间相互交织的关系和多种多样的生产、决策活动，将美好的理想与当时的生产力条件结合起来，策划与之相适应的、具体而实在的工作路径与协同决策方案，并指导其实现过程（我们简称"目标导航、路径优化"）。因此，可以说，从微观实施方案（比如 BIM 协同方案）到宏观目标大数据分析等，即从单个 BIM 技术应用，某一项目的施工组织设计到项目决策，以至区域规划与城市建设绿色低碳发展技术路线与实施路径等，都属于广义计划的范畴。所有这些，也都有计划工程师的用武之地。虽然在近代社会中分工细密，业务实践受到一定局限，计划已不再围于单体项目施工计划的范围。当然计划工程师的主要精力还是从事建筑与工程项目的营造策划、协同、组织实施，以及城市新区的目标定位与实施路径优化与统筹。名称未变，而计划工作所包括的内容早已螺旋式地不断发展，大大超过了旧计划工作的领域。

计划的概念必须扩大，也是人们在社会实践中得出的结论。有人提出不会做计划的领导者不是一个好的领导者，这样说虽然不全面，但是有一定的道理。城市新区的建设、工程项目的实践证明，人们应当以总体目标来指导建立具体的指标体系与成果标准，以指标体系与成果标准来反推确定所有的工作任务集，以目标导航路径优化下的工作任务集为统筹基石进行统一、整体的优化协同决策，并结合落地性的实施技术（比如 BIM 可视化技术）最终形成实施方案、逻辑流程与时间节点。反过来可以微观方案的研究逐步上溯，深化协同路径，优化目标战略，如此反复不已。这样的方法，我们拟称之为广义计划方法。无论是从更高层次的系统整体出发，还是从微观的角度出发，对一些问题作较深入的探索，都不可避免地涉及众多互相联系的学科群，对它们的了解和研究是完全必要的。同时，从这些由学科群组成的集合科学回过头来看，又可以使我们在所掌握的现有知识基础上扩大和丰富计划工作的思路，使我们有可能从其内部诸要素的相互作用、序列、层次、秩序和整体组合方式来考虑学科的结构和功能。对计划工作的这方面的尝试，初步称之为"广义计划学"。这里只是它的初步论述。

提出和探讨广义计划学的目的，在于从更大范围内和更高层次上提供一个理论框架，以进一步认识计划的重要性和科学性，揭示它的内容之广泛性和错综复杂性。由于广义计划学不是对传统计划工作的否定，故无庸对传统计划中已经明确认识的问题重新赘述。本书着重在目标、统筹、协同、决策、优化等若干问题上对传统计划工作作一定的展拓，有些在目前也只能提出问题，弄清一点、发挥一点。最终意图是通过对方法论的探索，为广义计划学的学术框架提出构想，以利于与同行们共同讨论探索这一问题。

作为一个中国学者，虽然作者的计划理论起源于留学英国攻读博士期间，得益于导师的谆谆教导与作者的所思所学，但也受益于作者留学前在工地数年的一线实践经验，以及留学回国后长期从事一线计划工作，致力于理论与中国实践结合。因此，本书主要以中国相关领域的问题为研究重点对象，一定程度上展示了对发展中的人口大国与建设大国在发展转型期相关问题的探索。因为计划是致用之学，即使理论讨论也希望遵循"从实践中来，到实践中去"。

本书的写作过程中得到了英国拉夫堡大学 Simon Austin 教授，Tony Thorpe 教授，Andrew Baldwin 教授，英国雷丁大学姚润明，中国建筑西南设计研究院有限公司陈勇、徐慧、弋理、于海滨，粟向民，陈冰，杨蜀梅，王鹏程，长沙学院杨明宇、王春，济南高新控股李昊，中国建筑第八工程局王杰，华润置地燕现军、李波，钟薛亮，钟明虎，邵俊，秦伟，中英海绿色建筑产业研究院李宗润，张少星以及研究生王永图，李劢的帮助与支持，在此致以最诚挚的感激。

著　者

2018 年 12 月

目　录

1 管理论

1.1 目标与控制

目标的产生一般来说有两种情景：一种是需求型，一种是推导预测型。当然在现实生活中还存在大量需求结合预测最终制定目标的情景，但因为其逻辑关系类似预测过程，我们统一归纳为预测型。对应两种目标产生的情景，事情的结果不外乎：未达到目标，超过目标以及结果与目标刚好一致。因为目标从某种意义上来说类似人们的理想与愿望，而结果则是现实。世界范围内的众多祝愿词都围绕愿望进行了设计，在中文中有类似"万事如意""称心如意"等，在英文中常见"Wish you all the best""Everything is as one wishes"等。这其实也说明了目标与结果并非那么容易实现一致，目标与结果差异恰恰是衡量计划工作好坏的准绳，实际上一个好的目标策划与卓绝的目标管理也是计划工作的重要内容。

目标（WHAT）与路径（HOW）是逐步、渐进式的清晰与明确，随着项目的实施，项目的信息逐步增加，项目的不确定性逐渐减少，项目目标与路径将变得越来越理性与细化。建设工程项目最初的目标与路径规划只能是方向性的，而项目的成本、时间、质量与客户的满意则可以进行比较与定义。所谓的目标应当是导航性的，需要逐步细化，因此控制不应当是僵化的、一成不变的对建设工程项目的最初目标实施控制，而应当针对那些相对固定、可量化、可比较的因素，比如成本、时间、质量以及客户满意度进行持续有效的监控与动态协同管理。我们在长期的计划实践工作中发现：实际工作中，项目的最终结果虽然总是与目标存在差异，但总有那么一批出色的计划工程师们通过卓越的前期策划与全过程梳理分析统筹，并对项目本身的实施情况以及项目外围环境变化进行有效监控，根据项目实施过程中的偶发事件而审慎地调整项目的执行过程。最终在不确定因素充斥的环境下，在不增加成本、不牺牲质量标准的前提下，在较短时间内成功完成一个能让客户满意的复杂工程项目。

1.2 项目管理体系与计划定位

高效的项目管理是工程项目得以按时、高质以及安全生产的重要保障。中国曾经为古代的工程管理理论与实践做出了重要的贡献。北宋末期的"丁渭施工"，至今仍是工程管理实践中的著名案例。然而现代项目管理却起源于美国，并以美国阿波罗工程的成功管理为标志，逐渐融合了系统工程、现代组织理论以及现代计划技术，并在近年来得到了快速发展而形成了一个管理学科的新领域。目前，国际上主要的五大项目管理体系——PMBOK管理体系、精益建造管理体系、项目产品管理体系、同时管理体系，以及协同管理体系，都有着自身特点与理论出发点，而且均在工程实践中得到了一定的应用。以下章节中将从各管理体系的理论基础、管理原则与方法、计划在各管理体系中的地位，以及各管理体系对计划管理的认识，进行详细的回顾与对比分析及总结。

1.2.1 美国项目管理协会的 PMBOK 管理体系

PMBOK体系的起源可以追溯到20世纪50年代中期，并伴随① 美国航空与国防工业中的系统工程学科的发展，② 现代管理理论的发展，比如组织架构设计及团队组建理论等，③ 基于计算机技术的计划技术，比如关键路径法、计划评审技术等几方面而逐渐成熟。PMBOK体系在目前国际五大项目管理体系中历史最悠久，因此部分学者也称该体系为"传统项目管理体系"。美国项目管理协会所出版的《项目管理知识体系》就是该体系的系统汇总，并且随着美国项目管理协会的全球扩张而在世界范围内得到了广泛的普及与应用。目前，国际上倾向于用PMBOK体系予以称呼，以区分其他项目管理体系。中国工程界熟知的WBS分解以及网络计划法都是该体系下的具体项目管理手段。PMBOK体系为工程项目管理工作做出了重要的贡献。近些年来，我国工程管理水平的突飞猛进可以说得益于该 PMBOK 体系的推广与普及。该体系的理论基础是在结合了管理理论与项目理论而发展起来的（表 1.1）。

表 1.1　PMBOK 体系理论

项目理论		概念：项目是输入到产出的转变。 原则：① 一个项目的整个转变过程是可以被分散成可管控的、更易理解的众多细小转变过程与任务；② 一个项目可以通过每一个细小任务的优化操作以及任务之间的优化执行顺序实现整体的优化。 推论：通过提高任务的绩效可以实现项目的绩效。 该理论基于的假设：① 任务之间的关系是相对独立的；② 任务之间是离散的、且有明显界限的；③ 不确定性主要来自需求变化，相关任务来说其不确定性较低；④ 所有的任务都能够通过从上至下的整体转化过程的分解且能全部的在 WBS 中呈现；⑤ 需独立于项目之外，且能够与任务一起被分解
管理理论	计划理论	概念：项目存在管理与执行。管理的基本功能是计划，而执行的基本功能是把计划转化为行动。 原则：① 通过计划、执行一系列的行动，我们可以推导出项目的当前状况，也能推导出项目所期望的目标完成状况以及所有的转变（生产过程）进展状况；② 计划变成现实的途径是由项目组织内的执行者来实现的。 该理论基于的假设：① 只要按照既定的目标，实现计划到行动的转变是一件很容易的事；② 一项工作任务的内部计划其实就是向任务执行者分配工作而已
	执行理论	概念：执行就是管理者根据计划安排把任务分配给执行者。 原则：根据计划安排，执行就是在某项任务的计划开始的时候通过口头或者书面的方式授权这项任务的开始。 该理论基于的假设：① 在授权之时，任务实施所需要的输入及资源已经具备；② 一旦授权就意味着所安排的任务已经得到了充分理解，也将按时开始与完工
	控制理论	概念：项目中存在过程控制，其绩效考核标准和控制单元（恒温控制）是确定的。 原则：标准与实测之间可能存在差异，该些差异将被当作后续实施时的纠偏值，并通过增加投入等方式实现项目的实际节点完工时间与该节点的计划完工时间相吻合。 该理论基于的假设：实施过程可以非常容易的通过恒温控制而实现纠正

关于理论基础，PMBOK 体系主要借鉴了以下三个管理理论：① 管理即计划理论，该理论强调所有工作任务在其实施之前都应当首先进行详细计划的编制，在实施过程中应当定期监控其发展趋势，同时强调原始计划与实施偏差的对比分析，强调纠偏工作的核心地位；② 调度理论，该理论认为已经计划好的工作任务只要在其计划开始时通知执行者去实施就能保证计划的实施了，其核心观点是认为只要计划制定得好，那么计划的实施是件简单的事情；③ "恒温"控制理论，该理论认为任何工作均可以存在一个工作绩效标准，而所有的工作成果均可以与该工作的标准绩效进行比较。因此该理论认为在工作实施的过程中可以非常容易地进行测量与纠偏，也能较容易地保证一个较理想的最终结果。简而言之，该理论认为工作中首先需要确定所有工作任务的标准绩效，并根据该标准编制计划，通过实施过程的监控、对比及纠偏就能确保最终结果的实现。另外，PMBOK 体系也借鉴了生产理论中的转化理论，该理论认为工作任务的实施其实就是生产投入转变为产出的过程，而任务的实施管理就是通过分解这些转变过程为更小的、可控的众多的细小过程以实现生产投入的最小化以及提高每一细小转变过程的效率（如图 1.1 所示）。

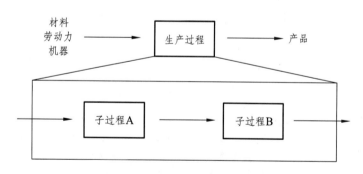

图 1.1　转化理论

从理论角度分析，PMBOK 体系首先认为一个复杂的工程项目是由有限个分项工程组成，而每一个分项工程又可以分解成有限个工作包，而每一个工作包又包含有限个工作任务，而一个工作任务又是一个有着若干工序的输入与输出转换过程，如图 1.2 所示。

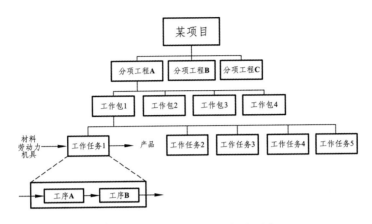

图 1.2　PMBOK 体系的任务分解

　　关于计划定位，PPMBOK 体系认为计划是项目管理的五大过程之一，而该五大过程共同构成了一个封闭的管理循环，如图 1.3 如示。

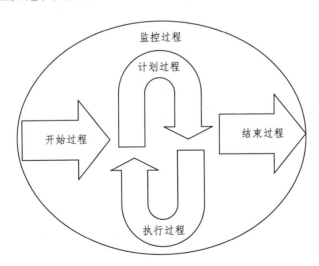

图 1.3　项目管理过程

　　PMBOK 体系中计划理论总体上遵循"计划—实施—检查—处理"的管理概念，如图 1.3 所示，首先计划将在"计划过程"中被编制出来，之后该计划将被用来指导任务的实施，并在实施过程中进行定期检查以确保计划与实施的一致，否则及时采取纠偏处理，同时启动下一轮的"计划—实施—检查—处理"。

Koskela批判这种"管理即计划"的计划模式其实就是策划、行动与校正的组合。他指出该管理模式把计划的实施从本质上看成了行动的代名词，错误地认为计划转化为行动是一个简单的过程。而事实上，只有当实际可用的资源已经具备且任务之间的相互依存关系较弱的时候，才有可能实现计划到行动的转变。

为了实现项目的计划与管理，PMBOK体系明确地指出关键路径法（CPM）和工作分解结构（WBS）是该体系特有的项目计划与管理的方法，并认为"对于PMBOK体系来说，其管理项目所需的大部分知识是唯一的或者几乎是唯一的"。事实上，除精益建造体系之外，其他几大项目管理体系均采用了WBS方法对任务进行分解，同时也都使用了CPM方法进行项目的计划与管理。

学者对美英两国的建筑行业进行了深入的调研后指出PMBOK体系在建筑行业中有着统治性的地位，并指出当前建筑业中的项目管理形式基本上都是由"任务为中心"的PMBOK体系衍生而来，其目的旨在通过细小任务的优化来实现项目任务的优化，并假设顾客的价值在设计阶段就已经得到了确定。而实践过程则以项目为单位进行管理，其方法是首先把一个项目分解成更小的且相对独立的，可以进行合同约定与计量及计价的工作块。然后把该些工作块按顺序排好，估计每一个工作块所需的时间与资源，给定开始与结束时间，并把该些工作块分配给分包、工头、施工小班组长进行实施。Laufer指出该模式下的项目管理是"在信息技术的支持下，集中力量对顺序的或并行关系的活动以及绩效问题等进行控制，就像各大航空公司在航班调度方面所碰到的问题一样"。

有研究者批判PMBOK体系的项目管理方式其实仅仅是管理合同，是基于所有的协同与操作相关的问题都已明确在合同的范围内这一假设。而事实上，如表1.2所示，该假设与项目的实际情况差异较大。Laufer对实际项目中的不确定性有着较深的认知，他从项目的不确定性角度批判PMBOK体系"正好符合机械唯物主义对世界是确定的认知"。Koskela and Howell对PMBOK体系有同样的批判，他们指出PMBOK体系存在"项目过程之间相对独立"的假设，该体系确信"即使转换的子过程之间或者转换过程与外部环境之间真的存在貌似不独立的情况，也可以通过物理或组织上的缓冲区使项目过程之间相对独立起来"。

表 1.2 目前项目管理理论中的假设条件与现实情况的对比

类别	假设和理论	现代项目特征
范围和方法的不确定	低	高
活动之间的联系	简单顺序化	复杂迭代
活动界限	刚性	柔性
管理的维度	活动为基础	活动之间各种流动都必须考虑
产品管理	没考虑	需要考虑
模型	转化	转化、流动、价值理念必须联合起来作为一个整体考虑

　　PMBOK 体系认为项目管理的核心是管理好每一个工作任务，认为管理好项目中所有的工作单元就能够管理好一个复杂的工程。以辩证唯物论的观点看，该体系忽视了事物之间的普遍联系的事实。实际上，工程建设项目中存在广泛而又复杂的联系，并且随着项目的进展，事物之间（在工程项目中可理解为工作任务）的联系呈动态变化。而大量的工程案例表明项目计划和管理的成功与否很大程度取决于工作任务之间的联系是否可控，是否得到了有效的管理。同时，该体系认为项目管理中存在某种基准，因此项目管理就是围绕该基准反复执行"计划—实施—检测—改正"这四道程序，并以此思想发展出了 WBS 工作分解法，关键路线法以及网络计划等方法开展项目计划与相关管理工作，著名的微软项目计划软件（Microsoft Project）以及甲骨文公司的 Primavera 3/6 等计划软件均是根据以上计划方法而开发出来的计算机程序。总体说来，PMBOK 体系认为工程项目就是有着时间限制与资源消耗的、简单的个体单元所组成的确定性工作。虽然该体系在工程管理实践中得到了广泛的应用，但其仅仅关注项目中的转化过程，忽视信息流、资源流、场地流、现金流以及实施过程中的价值流，导致了不确定的活动进程、大量的"非价值活动"以及产出价值较低等缺陷，使得其在面对不确定环境下的复杂大型工程建设项目时存在诸多不足。Laufer 也提出了相类似的观点，并总结出 PMBOK 体系是管理不确定因素较低的、相对简单的项目的有效工具，但并不足以管理当今世界动态环境下的复杂项目。

1.2.2 精益建造协会的精益建造管理体系

精益建造体系的雏形首次出现在 Koskela 于斯坦福攻读博士后期间所提交的研究报告。他紧随其后的一系列研究逐步完善了该体系，并随着美国与英国的精准建造协会的成立，该体系在欧美国家等发达国家得到了较快的发展和较广泛的应用。

精益建造体系的发展触发点是建筑业学界目睹了制造业和服务业在过去二十年所取得的极大成就，而与此相反的却是建筑业在生产效率、顾客满意度以及工作环境等方面的发展与过去二十年相比的相对停滞不前。学术界与工业界普遍认为，制造业和服务业在过去二十年所取得的极大成归功于一个新的生产理念，即"精益生产"。

有研究者认为：精益生产结合了传统手艺生产的精巧优势与工业革命以来大规模生产方式的效率优势，通过集成组织中各层次的多技能工人队伍和高度灵活、日益自动化的机器为客户提供价廉物美的各种数量规模的产品。Koskela 和 Huovila 认为"建筑物的建造过程其实是临时的、一次性的、多团队组织起来的、并在现场进行的一种特殊的生产过程"，他们由此坚信精益生产理念完全可以被建筑业所采用并发展。因此，从理论上来说精益建造的原始理念基石即精准生产理念。直到 2000 年，Koskela 结合了转化理念、流动理念以及价值理念创造了转化-流动-价值理论模型（TFV model），精益建造体系才真正地有了自己的理论框架（见表 1.3）。

表 1.3　精益建造体系的 TFV 观点整合

	转化观点	流动观点	价值产生观点
产品的概念	输入到输出的转化	由转化变形、检查、移动和等待组成的物质的流动	一个履行顾客的要求来创造价值的过程
主要原则	有效实现产品	减少浪费（非增值活动）	减少价值损失
方法和实践	工作分解结构，MRP，组织结构图	连续流动，推进产品控制，连续改善	捕捉需求、质量功能分配
实践重点	关心应该做什么	关心尽可能少作不必要的事情	关心顾客的需求是否以最好的方式得到满足
名称	任务管理	流动管理	价值管理

从理论基础上来说，精益建造体系同样包含了管理理论与项目理论，如表 1.4 所示。在管理理论方面，精益建造体系基于以下三个理论（见表 1.4）：① 精益计划理论，该理论结合"管理即计划"理念与"管理即组织"理念，创造了"末位"计划技术；② 精益实施理论，该理论结合了古典的沟通理论与"语言-行动透析"理论，其中"语言-行动透析"理论采用相互沟通与承诺的沟通原则，并取代了传统沟通中的单方面承诺；③ 控制理论则结合了"恒温"控制模型与科学实验模型，侧重于对产生偏差的原因进行分析，并对该些原因进行处理，从根本上解决产生偏差的内在因素，强调"治标"更要"治本"。因此精益体系的控制理论相比较传统的控制理论增加了认知环节，从而更加的科学与实用。更重要的是精益建造体系对建设项目中任务之间的依赖性和变化性有着非常深刻的认知，并且把项目中的不确定因素分成了项目产品的不确定性与项目过程的不确定性。虽然精益建造体系在构建之初就以理论建设为重点研究领域，然而有研究者从精益建造的理论根基上指出：① TFV 模型过分强调"硬管理"，即把管理当成了解决工程技术相关问题的方法，过分关注材料的物理转化过程，而忽视了"软管理"，缺少了基于组织理论的团队协作视角；② 在风险和不确定性方面，精益建造体系虽然从理论上有所涉及但未能提出相应的应对方法；③ 精益建造体系的价值观是片面的，即片面的认为项目的价值仅仅是成本。另外有研究者批判该体系在理论方面明显忽视了劳动者在执行精益建造体系中因苛刻的层层检查而耗费了大量人力成本。

表 1.4　精益建造体系的理论组成

理论主题		相关理论
项目		转化理论
		流动理论
		价值理论
管理	计划	管理即计划理论
		管理即组织理论
	执行	经典交流理论
		语言-行动理论
	控制	恒温模型
		科学实验模型

关于计划定位问题，精益建造主张在计划中结合"管理即计划"与"管理即组织"进行计划管控。虽然精益建造把"管理即计划"与"管理即组织"进行了区别，但 Winch 和 Kelsey 基于英国 18 位一线计划工程师的调查研究结果表明：实际工作中，计划工程师们通过编制"计划即资源"以支持项目管理团队的"管理即组织"的计划模式，却不是精益建造所推想的"管理即计划"以控制整个项目管理团队的计划模式。因此 Winch 提出：在实践工作中，计划通常做为一个为创建后续行为服务的框架而存在，并通过编制"计划即资源"以引导项目经理在事态发展时与"管理即组织"兼容而存在的项目管理模式。因此，从整体上来说，虽然精益建造体系很好的区分了"管理即计划"与"管理即组织"这二种计划理论，但其设想通过集成该二种计划理论作为其体系的计划理念却脱离了项目实践，同时该体系的计划理论在实践实用方面也未见成功报告。

精益建造体系在英国得到了广泛的重视与应用，并通过著名的"Egan Report"的推崇在欧美等发达国家得到了学界与工业界的广泛重视，并纷纷成立了精益建造协会。目前该体系已经形成了较完善的理论、原则及特有的项目计划与管理手段，比如末位计划技术、工作结构、供应链管理等。

1.2.3 项目产品管理体系

该体系虽然在实际工程中应用不多，但其在建筑管理学术界却有着较深的影响力。其管理理论及方法最初出现在 Winch 著名的畅销书《建造项目管理：一种信息过程方法》（*Managing Construction Project：An Information Process Approach*），紧随其后的一系列研究逐步完善了该体系。该体系的显著特点是把建造项目管理当成一个"整体学科"，而不是"一个支离破碎的以专业领域为特点的知识与经验库"。Winch 进一步指出：管理建造项目的核心是信息管理，而信息管理的实质就是对不确定性的管理。

从理论基础上来说，项目产品管理体系包含了交易成本经济学、信息处理理论、不确定性理论以及组织构造方法论四个理论基石，从而形成了自身独具特色的管理理论。该体系不仅仅对建造过程中的不确定性有了较深的认识，同时该体系对建造中的价值予以了更深的理解，首先该体系指出建造过程中价值和产品价值存在固有的争议，并提出了建筑业的建造过程具有以下三种价值：① 对客户的整体生意或业务的贡献；② 对供应商的整体生意或业务的贡献；③ 建筑业的建造过程对社会整体的贡献。另外该体系也对管理进行了解读，认为管理本质上是一种组织创新，其目的是确定一个或者一系列能为客户提供高效的项目任务，并由此确定一个能为之负责的个人或小团队。

关于计划定位问题，项目产品管理体系采用了 Morris 的观点，主张"计划是项目管理学科中的核心竞争力"，并认为"计划在项目管理中应当被当作一个具有操作特点的战术性学科，而不是战略性学科"。研究者通过对英国建筑界的计划现状进行了调研，并以此为基础确定了项目产品管理体系中的计划定位。他们认为：计划应当做为一个为创建后续行为服务的框架而存在。并通过编制"计划即资源"以引导项目经理在事态发展时与"管理即组织"而兼容。同时，项目产品管理体系对迭代关系明显的项目过程（如设计过程和计划过程）的管理需求与线性关系明显的项目过程（如现场施工过程）的管理需求进行了重要的区分，并指出关键路径法和关键链法都存在最基本假设，即：任务之间的相关性是连续的。实际上这假设对于现场施工的情况下是可靠的，但是不适用于设计任务与计划任务，这类型任务之间的相关性是连续的，更是相互依赖的。李百战和 Austin 对设计任务有过非常详细的研究，并开发出了ADePT 分析与管理软件，以适用于任务之间相互依赖、迭代特点明显的设计过程的计划及管理。遗憾的是，该团队的研究未对项目管理过程中的另一个不同于现场施工任务的计划过程进行深入研究，仅在其研究报告中的后续章节中提到项目管理过程中的计划管控是未来的另一个研究方向，自此无后文。

项目产品管理体系认为任务实施过程中的不确定性因素导致了计划工作的复杂与困难。因此该体系认为建设项目管理的重点是提高计划工作的执行。基于该点认识，Winch 对比分析了大量的计划编制与计划管控的方法及软件后指出：在目前的众多计划方法中，末位计划技术与关键链法在不确定性认识方面比其他计划方法及软件要稍好一些，但是一个注重操作层次而忽视了策略层次的管理，另一方法反之。因此项目产品管理体系提出了一种结合了末位计划技术与关键链法的计划策略（如

图 1.4 所示)，期望能较好的解决建设项目管理中所需要的战术和战略均需兼顾的问题。但遗憾的是，该研究未能创建出相应的计划方法与技术。

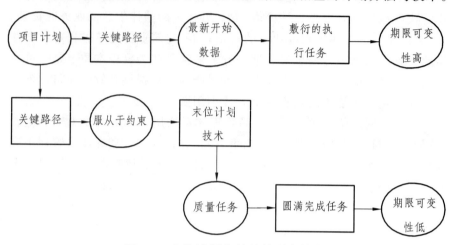

图 1.4　末位计划和关键链联合技术

1.2.4　同时管理体系

该体系的雏形最初出现在 Laufer 的学术报告 *Simultaneous management : the key to excellence in capital projects* 中，其后在 *Simultaneous Management : Managing Projects in a Dynamic Environment* 一书中进行了系统的阐述。该体系的学术影响力远远不及其他几个体系，其在工程实践上的应用也不多。但比较有意思的是，项目管理协会的主席（PMBOK 体系的创建人之一）以及精准建造协会的主席（末位计划者的原始创建人）都曾经是 Laufer 教授的学生。另外，该体系的创建者声称该体系完全遵循"实践—理论—实践"的循环而构建的。因此，笔者在该体系的学术影响及实践应用均不普及的情况下，还是认为有必要对该体系进行探讨。

同时管理体系的创建出发点是 Laufer 在长期的建设项目管理实践工作中发现：实际工作中,（美国）总有那么一批出色的项目经理能够在不确定因素充斥的环境中，在不增加成本，不牺牲质量标准的前提下，在较短时间内成功完成一个能让客户满意的复杂工程项目。通过一系列的系统研究，Laufer 总结：这是因为大师级的项目经理在实际工作中无意识地采用了一个类似交响乐团指挥的同时管理工作方法，在该方法下项目经理持续地把各种竞争性质的需求统一协调结合了起来，使得复杂的工程项目管理工作象一首交响曲一样协调与流畅。

同时管理就是意味着系统地提前进行计划，并形成早期的（但不是不成熟的）适当决策，使所有的项目参与者尽早的对该项目进行重点关注与介入。同时把所有项目的参与者组建成一个协同的团队并进行高效的领导，使用简单的流程，进行极佳的交流合作，对项目各阶段进行提前实施或者平行实施（对项目进行适当的分解之后），对项目本身的实施情况以及项目外围环境变化进行有效监控，并根据项目实施过程中的偶发事件审慎地调整项目的执行过程以适应新的变化。Laufer 认为通过同时管理，建设工程就能实现协同及同步化，一个优秀的项目管理团队也就能在极具挑战性的工程上同时实现卓越与快速。

从理论基础上来讲，同时管理体系对项目管理中的不确定性的认识与管理是所有体系中研究最深入的。Laufer 在 1997 年把项目管理中的不确定性归纳成终结不确定性（必需去实施的）与解决方式不确定性（需要去完成的），并且对比分析了传统的项目管理体系与同时管理体系在应对这二种不确定性时所采取的不同的解决思路与假设，如图 1.5 所示。

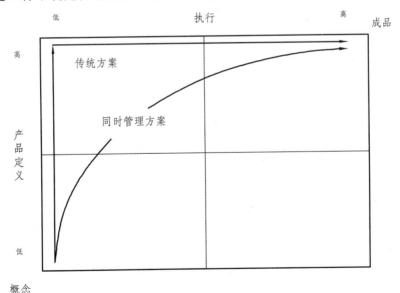

图 1.5　传统和同时管理体系中对不确定性问题假设的对比

首先，传统项目管理体系假定：终结不确定性是在解决方式不确定性的相关工作开始之前就已经得到了很好的确定。然而在同时管理体系中，Laufer 指出终结不确定性与解决方式不确定性的确定过程是呈"双螺旋形"逐渐同步确定的过程。根据以上观点，同时管理体系提倡采取以下两个步骤以应对项目中不确定性的影响：① 对相互依存的任务进行解耦并隔离那些高度不确定性的工作任务；② 对那些解耦都无法分解的相互依存任务，则可以通过管理这些任务之间的界面，或者采取增加资源来吸收过程中的不确定性。

关于计划定位问题，同时管理体系总体上遵循了"计划-实施-检查-处理"的概念，但强调系统地、集成地进行计划及监控。1997 年，Laufer 进一步对比了传统项目管理中的计划方法与同时管理体系中的的计划方法后指出：在传统的项目管理体系中，因为任务实施的唯一依据是计划工程师已编制的计划，所以其管理的核心是实施状况与计划预期结果的对比及纠偏，PMBOK 体系下的项目管理重点也就是那些细微的执行变化；然而在同时管理体系中，如何成功地解决项目中的那些不可避免的变化以满足顾客的需求是其管理的本质。Laufer 同时也对于计划工作中占重要位置的"控制"工作，也进行了深入的分析对比，并指出：在传统的项目管理体系中，控制基于反馈（即对项目绩效进行监控与测定），而同时管理体系下，控制基于期待和反馈（即不仅对项目本身的绩效进行监控与测定，同时也监控环境的变化）。基于以上认识，Laufer 阐明了"计划-实施-检查-处理"概念在传统项目管理体系与同时管理体系中的区别，并总结出了同时管理体系的三类共九大原则：

（1）计划类，包括以下三大原则：系统地、集成地进行计划，做出及时的、调整后的决策以应对不确定性，对那些相互依存的任务进行解耦，隔离那些高度不确定性工作任务。对那些解耦无法分解的相互依存任务，则通过管理这些任务之间的界面，或者采取增加资源来吸收过程中的不确定性。

（2）领导力及集成整合类，包括三大原则：内在与外在相接合的领导，多阶段的集成与整合以及多学科的协同团队。

（3）系统类，包括三大原则：强化的沟通，简单的流程以及系统的监控。

在理论方面，"从实践中来，到实践中去"是同时管理体系的最显著特点，因此该体系虽然被工程界的采用不多，但部分的工作实证表明该体系对工作实践的指导具有很好的作用，另外许多建设领域的杰出学者对该体系也有着极高的评价。

1.2.5 协同管理体系

协同管理体系起源于 20 世纪 70 年代，当时一些组织与机构意识到提高项目管理的集成能力能够更好地处理这些通常是由不同的构成、高度依存、涉及众多学科的复杂项目。Johnston and Brennan 在 1996 年第一次明确提出该体系追随了"管理即组织"的管理模式，并认为该体系是基于"以人为本"强调协同的理论体系。协同管理体系中的代表作是 Moore 的 著 名 畅 销 书 *Project Management : Designing Effective Organizational Structures in Construction*。在该书中 Moore 侧重项目管理中的组织策略与方法，声称"好的组织结构可以创造或者毁掉一个项目经理"。Laufer 指出：该体系认为项目管理的挑战就是确保不同企业间的集成与团队合作，从而确定项目团队的参与者能作为一个统一的协同实体。该体系强调参与者之间的协调协作的重要性，侧重项目参与者的角色定位及过程，重点提出了过程的定义及过程的简化。但该体系的最初阶段其实是机械唯物主义的一元论，认为世界是确定的且一成不变。

最近，该体系有了较大的发展，其中 20 世纪 90 年代开始发展起来的供应链管理（SCM）理论对该体系有了较好的补充。供应链管理最初的产生是为了集成物流问题与战略管理。现在，供应链管理已经被公认能增加企业竞争力和提高性能的重要管理理念。随着供应链管理的发展，另一个类似的管理理念，"后勤管理"也得到了较大发展。并且在很多同时代的出版物中，供应链管理与后勤管理被视为一种同义术语。有研究者对这二种管理理念进行了区分并指出供应链侧重的是组织间的关系，而"后勤管理"理念侧重的是组织内的关系。Laufer 指出 SCM 的任务就是把供应链上的不同组织部门的各类任务进行整合以协调材料、信息和资金流动的方式满足最终客户的需求。

关于计划定位问题，该体系侧重信息流与材料流的集成计划和控制，提倡协同计划。实际上，协同计划的最早的贡献者只是粗浅的从运用科技手段解决独立供应链上的合作伙伴之间的信息交换方面进行了阐述。

最近随着工业界的 Collaborative planning，Forecasting，and Replenishment（CPFR）运动的兴起，协同计划的理念得到发展。然而，该协同计划的内涵与建设工程计划还是有较大差异，其定义更接近商业计划。

目前，协同管理体系在建筑领域的实践实用还未见报告，但已经有研究者尝试在建设项目计划管控中引入协同管理体系，并对项目计划进行了重新的定义，并认为：项目计划是策略目标到项目实施的战术性阐译，是项目参与者之间的一系列结构化对话的执行过程。尽管协同管理体系在当前建筑界中的研究与实践方面均未有很大的影响，但协同管理体系有助于提高建筑行业内的供应链管理与协同质量的提升。

1.2.6 Morris 的立场与观点

Morris 的观点主要体现在 the Managing of Projects 这本畅销书中，并在其后的专刊 Science，objective knowledge and the theory of project management 中进行了详细的阐述。其实上，Morris 的观点与项目产品管理体系具有二个重要的相似特征：首先，两个体系均认为项目管理应当是一整体性的学科，而不是由支离破碎的经验累积而成的专业领域。他们一致认为项目管理是关于"为实现项目既定目标，而整合项目生命周期内所有工作的全过程，绝不仅仅是为了实现既定的成本、工期、质量目标，也就是说项目管理是以整体项目的目标实现为目标"。基于以上认识，Morris 用"管理项目"取代"项目管理"旨在扩张项目管理学科领域。Winch 受到了 Morris 的启发，并对"管理项目"与"项目管理"进行了深入全面的对比区分，强烈建议以"管理项目"模式对建设工程项目进行管理。其次，这两个体系一致认为计划应当是一个中层管理、操作性的学科，而不是战略性的学科。

在理论方面，Morris 的观点与项目产品管理体系具有不同的理论出发点。项目产品管理体系认为项目不仅是组织，同时也是客户与项目参与者之间的交易。由此，有研究者认为该体系的理论基石来自于经济学理论。然而，Morris 则认为实际上从来不会存在一个包含一切在内的项目管理理论，关于项目管理的理论的观念是错误的，他指出：即使项目管理学科中存在一些理论，那也仅仅是项目管理中的那些来自于其他学科的特定部分的理论。他认为项目管理领域的知识永远是个人的、实验性的。因此，Morris 坚信管理好项目的最好的办法就是提供诸如管理工具，试探法，自我反思，以及利用那些已经确定了的合乎科学理念及测试理论的操作手段，从而为管理项目做出指导。

1.3 讨　论

对以上五大项目管理体系和 Morris 的观点进行了归纳分析如表 1.5 所示。首先，所有体系不仅对其体系的理论根源进行了明确的表述，也不约而同的对其项目管理模式中的计划定位进行了描述。其中大部分的项目管理体系在计划定位上的观点是相同的，即认为计划是建设管理学科中的核心内容，区别只是 PMBOK 体系包含了"管理即计划"的理念，而项目产品管理体系则建议采用"计划即资料"模型对项目经理进行引导。而在同时管理体系中，计划则与领导力、整合力以及系统方法一起构成了同时管理的最基本框架。其次，对以上各大体系的归纳分析表明，大部分的项目管理体系都对计划本身的过程重要性给予了重视，反复强调对计划过程的持续管理的重要性。尤其是同时管理体系更是多次呼吁对如何提高计划本身的过程投入更多的资源与关注。

表 1.5　建设管理中的六大体系特点归纳

	理论	计划的定位	对计划过程的认识	对不确定性的认识
PMBOK 体系	① 基于生产理论；② 采纳了转移模型	包含"管理作为计划"的理念	认为计划过程的重要性并开发了一个通用计划过程模型	认为世界是确定的，其生产过程不存在不确定的东西，而外部环境的不确定性可以通过技术手段消化
精益建造体系	① 融入了生产理论；② 采纳了 TFV 理论模型及精益思想；③ 认为建设是"独一无二、现场生产、短暂的多组织性的项目	① 整合了"管理作为计划"理念和"管理作为组织"理念；② 建议使用工作结构建法及生产作业计划法进行计划的编制与管控	建议采用生产计划法，侧重工作的流水	① 认为项目的实施过程就是不确定性的降低过程；② 相信在实践中，部分不确定性是由错误的决策而导致的；③ 认为不确定性是可以被管理的，因此该体系侧重于如何减少变量

	理论	计划的定位	对计划过程的认识	对不确定性的认识
项目产品管理体系	① 基于经济学的理论基础；② 采用了交易成本经济学理论；③ 认为项目不仅是组织工程，也是客户和项目的参与者之间的一个交易	① 认为计划是一个中层管理、操作性的学科纪律，而不是战略性的学科；② 建议把计划作为资源以引导项目经理	使用了"没有计划过程的计划毫无意义"的俗语强调计划过程的重要性	① 认为项目的实施过程就是不确定性的降低过程；② 认为项目管理的核心就是对不确定性的管理；③ 认为不确定性就是决策需要的信息与现有的信息之差；④ 不确定性来自于复杂与不预见.
同时管理体系	① 该体系遵循"实践-理论-实践"；② 总结出项目经理在实际工作中采用了一个类似交响乐团指挥的同时管理工作方法	认为计划是建设管理中的主旋律	认为计划也需要计划，号召更多的研究与实践投入到计划其本身的过程中去	① 建议根据不确定性及时调整决策；② 对那些相互依存的任务进行解耦；对于哪里些解耦都无法分解的相互依存任务，建议通过管理该些任务的之间的界面，或者增加资源来吸收过程中的不确定性
Morris的立场	认为从来不会存在一个包含一切在内的项目管理理论	认为计划是一个中层管理、操作性的学科纪律，而不是战略性的学科	建议通过更多的思考计划本身过程可以对项目实现更好的管理	强调不确定性管理的重要性
协同管理体系	认为项目管理就是确保不同项目参与者之间的集成与团队协同，以实现项目团队以一个统一的实体进行工作	包含了"管理作为组织工作"的理念	未明确	认为世界是确定的

对于不确定性方面，不论协同管理体系还是 PMBOK 体系均奉迎"世界是确定性"的认识论，相信即使项目中存在不确定性，那也可以通过增加额外的资源、时间或者其他类型的缓冲来消化这些不确定性。然而，其他的几个管理体系则花费了相当多的精力对不确定性进行了探索与研究，同时也对如何对待不确定性进行了讨论与建议，其中，项目产品管理体系不仅对不确定性进行了定义，而且提出管理项目的核心就是管理

不确定性。精益建造体系则对不确定性的产生进行了阐述，认为：在理想的情况下，如果每一个决策的形成都是基于一切所需的信息，则不存在任何的不确定性。然而，在实践中存在各种各样的因素使得决策过程变得复杂，决策的形成顺序就可能出现错误，从而产生了"自身造成的"不确定性。同时管理体系则提倡根据不确定性及时调整决策，并对那些高度不确定性的任务进行孤立，对那些相互依存的任务进行解耦，对于那些解耦都无法分解的相互依存任务，则建议通过管理这些任务之间的界面，或者通过增加资源来吸收过程中的不确定性。

基于以上的对比分析，本书认为在评论前人的理论体系的优越前，有必要对建筑项目的内涵与本身属性进行剖析。首先，建筑工程项目具有复杂性的属性。其次，建设项目具有是独一无二的、一次性的努力以及独特的目标，不同项目所处环境总是不同的，并且不断变化着的，所用的项目资源也具有唯一耦合性。同时建筑工程项目的不确定性属性也逐渐被学术界与工业界所重视。总体上来说，以上论点已经很好地涵盖了建筑项目的内涵与本身属性，本研究全盘接受。从哲理上来说，本研究认同 Winter 的阐述，认为"任何专业领域中的所有实践类似的活动都带有理论意义，某种意义上说不论实践工作者是否意识到某个理论在指导他们的行动，所有的实践活动都是基于某些理论和知识"。因此关于项目管理领域的理论与实践，本研究相信建筑界的理论来自于实践，实践需要理论的指导。

基于以上建筑项目内涵与本身属性的剖析，结合哲学认知论的观点，本研究倾向以同时管理原理为基础构建动态协同计划理论。这是因为同时管理体系来源于实践并在实践中得到了验证，同时该体系对计划的定位以及对项目中的不确定因素的认识与管控方法均表现出了该体系的理论结合实践的体系构建路线。结合同时管理原理及现场调研（详见 4），本研究认为：① 建设项目具有复杂性的天生属性，不确定性是其特征表现，不确定性在项目开始时高，结束时低，虽然中间存在波动，但整体趋势随项目的进展而逐渐减少。② 实际工作中，部分不确定性产生于错误的决策顺序。因此，本研究认为当前建设项目中的很重要一部分不确定性是可以通过优化决策顺序而得以减少甚至避免，另一部分不确定性则可以通过"猜测与估计"的及时跟踪与高效管理而得以更好的管控。

2 过程论

2.1 计划的定义

计划的含义很广泛，可以是一个项目或活动开始前的准备，也可以是一个被政府批准了的项目同意书。在建筑领域，计划则通常被定义为"目标明确的行动"或者是"对未来的规划和思考"。它可能是一个规范化的过程，一个清晰的结果，也可能是一个问题的策划过程。实际上，不同的人对计划有不同的理解，以下归纳了目前常见的计划定义：

（1）计划是创造性的、具有一定要求的精神活动，主要是为解决"做什么，怎么做，什么时候做，谁来做，用什么资源来做"等一系列可以在头脑中完成工作。

（2）计划是通过分析、归类、组织等一系列活动来完成一个项目。

（3）计划是活动过程中有意识的决定，是建立在目标事实和估计基础上的决策过程。

（4）计划是一系列的策划过程，是通过行动来致力于设计一个好的未来，并且使之变成现实的过程。

（5）计划是预算、策划和其他的细节，是需要在项目执行期间遵守的约束。

以上关于计划的定义不但涉及计划的目标与本质，还涉及到计划的过程与内容，实际上，计划的定义与这些方面是分不开的。

2.2 计划的目标与特征

计划作为项目管理的功能之一，贯穿项目管理过程始终，但是对其目标有不同说法，比如 Weerasekera 认为计划的目标就是制订有用的计划，从而高效地达到项目预定目标。而有的研究者则认为计划的目标是：① 分析怎么做，用什么顺序和资源做的过程；② 估计潜在的困难；③ 对可利用的资源最优化；④ 为项目参与方提供协同工作的基础平台；⑤ 为未来的计划编制提供数据准备。也有研究者提出计划的目标是在一个固定时间内、以一定的代价和标准完成一定的工作。实际上，以上所有关于计划目标的观点都是正确的，但 Weerasekera 的阐述更为全面和概括，因此本研究采用这一说法。

计划具有以下 3 点特征：第一，计划具有迭代性。自从 20 世纪 90 年代起，很多研究者就已经意识到计划过程是一个迭代过程而非线性的，虽然他们的研究未能深入，但本研究的现场调研证明了这种判断发现，由于在计划编制时缺少完备和准确的信息来做决策，导致了计划具有高度不确定性，从而使得计划的过程具有明显的迭代特征。第二，计划具有协同性。计划是在不同阶段由不同参与人员的协同策划过程，从参与计划的各方所需要的高效沟通和协同角度来看，计划另一个重要特征是协同性。第三，计划具有信息流动性。计划过程存在大量的信息交换，因此计划的第三个特征是信息的流动性。部分研究者从计划的信息流动特性方面进行了计划过程模拟并提出了计划过程模型的概念。

2.3　计划的阶段划分

众多研究者对计划的阶段划分进行了研究。有研究者则将计划分为 4 个阶段：可行性计划、预投标计划、建造前期计划以及施工计划，见表 2.5。认为项目前期主要是收集各类信息来评估项目的潜在风险和是否具有可行性，帮助开发商作出是否能够继续投资的决策，因此称之为可行性计划。投标前期计划则发生在项目投标之前，而建造前期计划是指项目已经中标之后，现场工作开始之前，至于施工计划则被认为是短期计划。也有研究者将计划分为三个阶段：投标前期计划、建造前期计划和施工计划，并定义投标前期阶段为投标之前的阶段计划，建设前期计划阶段是指合同签订之后，项目施工开始进行的前两个月这段时间，而施工计划则是指项目建设开始两个月之后到项目完工这段时间。研究认为大量的计划是在建造前期阶段所编制的，但是也有些计划会在施工阶段得到进一步的细化，主要是现场操作所需要的场地计划。

Ahmed 把计划分为宏观计划和微观计划两种，认为宏观计划开始于提交投标文件前的一段时间，通常为几个星期到几个月，并且持续到合同签订之后施工开始后的几个星期。微观的计划通常是发生在施工阶段，其目的是提供尽可能详细的信息帮助现场施工人员进行决策并且帮助其建立每周或每天的工作内容。Winch 和 Kelsey 则通过与 18 位现场计划工程师的访谈，归纳出实践工作中的计划的三个阶段：预投标计划、投标后建造前期计划、施工计划。《过程协议》为了使一个建造项目的所有参与方能够实现无缝对接，把计划分为四个阶段：项目前期计划、建造前期计划、施工计划、建造后期计划。RIBA 并没有将计划进行阶段划分，它认为整个项目就是一个计划阶段，即项目计划，最新的版本甚至取消了计划阶段这一说法，因为 RIBA 认为计划应当存在于项目的全生命周期内。本研究通过现场调研发现：在传统的项目中，预投标计划和投标后建设前期计划一般是由一个公司完成，并且由于这两个阶段通常相隔很近，在实践中，通常都是同一个计划团队来操作从而保证连贯性。结合文献分析与现场调研，本研究将计划分为四个阶段：项目前期计划，建造前期计划，施工计划和建造后期计划，详见表 2.1：

表 2.1　计划阶段划分

本研究中的阶段划分	RIBA工作计划阶段（1973）	RIBA工作计划阶段（2007）	过程协议中阶段划分	Ahmed（2001）	Menches（2006）	Winch and Kelsey（2005）	Laufer and Truck（1987）
项目前期计划	阶段A：初始阶段	阶段A：项目评估阶段	项目前期计划阶段（包括项目执行计划和项目招采计划）				
	阶段B：可行性论证阶段	阶段B：设计任务书阶段			可行性计划		
	阶段C：项目建议书阶段	阶段C：方案设计阶段					
	阶段D：规划设计阶段	阶段D：详细方案设计阶段	建造前期计划（包括：详细的项目执行计划、详细的招采计划、概算成本计划及物业维护计划				
	阶段E：详细设计阶段	阶段E：施工图设计阶段					

续表

本研究中的阶段划分	RIBA工作计划阶段（1973）	RIBA工作计划阶段（2007）	过程协议中阶段划分	Ahmed（2001）	Menches（2006）	Winch and Kelsey（2005）	Laufer and Truck（1987）
建造前期计划	阶段F:信息收集阶段	阶段F:信息收集阶段	建造阶段计划（包括更详细的项目执行计划、更详细的招采计划、详细的成本计划、详细的维护计划、最终的造价计划、最终的安全文明施工计划以及物业移交计划）	宏观计划			
	阶段G:工程量清单制定	阶段G:准备投标文件阶段					
	阶段H:项目投标阶段	阶段H:项目投标阶段			投标前期计划	投标后建造前期计划	投标前期计划
	阶段J:项目计划阶段	阶段J:项目动工前阶段			建造前期计划	投标后计划	建造前期计划
施工计划	阶段K:现场施工阶段	阶段K:现场施工阶段		微观计划	施工计划	施工计划	施工计划
建造后期计划	阶段L:完工验收阶段	阶段L:建造后期阶段	建造后期计划（包括详细的运行维修计划、最终的项目执行计划和最终的过程执行计划）				
	阶段M:反馈阶段						

2.4　计划过程

近年来,越来越多的研究者们开始关注计划的过程本身。其中 Laufer 和他的同事从 1987 到 1994 年期间通过现场观察、文献分析和小组讨论等方法针对建造计划过程本身进行了三项独立的研究,希望能够回答以下问题:① 什么是计划? ② 为什么计划? ③ 怎样计划? 他们总结了过去几十年的计划研究工作,认为这些工作过于强调计划内容而忽视了计划方法,过于强调计划技术的研究而忽视了对计划过程本身的研究。他们认为正确的计划过程应当包含: 计划策划、信息收集、计划准备、信息传播以及计划评估,见图 2.1。他们通过大量的实际调研指出第一步计划策划和最后一步计划评估在实践中被严重地忽略了,而其他三个计划过程在实践中也存在缺陷。他们提出如果想让计划变得高效,就必须改变计划方法,改善收集和传递信息的方法,同时必须对计划过程中的不确定性与假设进行跟踪与修正。遗憾的是 Laufer 和他的同事虽然对计划实践中的问题进行了深入的研究，提出了未来计划需要提高的三个方面，但是却未能提供具体的操作方法。

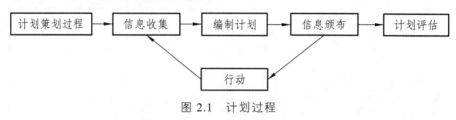

图 2.1　计划过程

1988 年，Laufer 等又进一步研究了计划中的另外两个核心问题：谁来做计划？什么时候做计划？关于第一个问题，他们通过大量的调研发现，项目经理是最有能力做计划的人但项目经理却通常忙于其他事务，现场工程师有充足的时间做计划却不具备统筹决策能力。关于第二个问题，他们对比分析了几个典型的工程案例并结合大量的现场调研得出，计划的编制时间、计划的详细程度以及更新频率是由不同的需求决定。

最后，Laufer 等人在 1994 年通过研究国际上那些著名公司的计划管理案例以期得出计划过程管理的通用模式。然而他们的研究发现，该些公司在计划过程管理方面存在较大的差异，未能形成最后的计划过程管理通用模式，但是他提出了四个基本原则作为改善计划过程的标准：层次分明、容易理解、连续性和协同性。在 Laufer 主持的系列研究中，虽然反复倡导提高计划的过程管理，却最终未能找出处理计划过程管理中所存在的协同性问题、计划评估问题、不确定性管理问题、估计与猜测的跟踪与修正等问题的具体方法。他的学生 Kelsey 等人继续了他的研究，通过与现场的计划多位工程师进行面谈，对他们的日常工作内容进行讨论，以期剖析探索计划的过程特性，他们发现：① 由于计划编制时间紧迫、信息缺乏，计划工程师经常需要依靠经验猜测和估计来制定计划。② 但不管是计划工程师还是其他的项目参与者在计划的更新与执行过程中都没有系统的对这些"猜测和假设"进行过跟踪与评估。③ 计划过程需要计划工程师们的高度协作，但目前工程实践中缺少协作平台。总的来说，这些研究虽然对计划相关问题进行了探讨，并且强调了计划过程本身需要改善的重要性，奠定了改善计划过程管理的基础，但是，Laufer 等人的研究成果也存在一些局限性。首先，他们把计划过程分为

5 个子过程，如图 2.2，却忽略了计划过程中的信息管理，实际上，信息管理在计划中非常重要，高效的信息管理能够确保那些可利用的信息的最大使用效率，从而减少计划过程中的猜测和估计行为。而本研究所提出的协同计划理论和方法可对计划过程内的信息流进行管理，帮助计划工程师们了解所需信息的内容，知道在什么任务中需要什么信息，从哪里可以获得这些信息，什么时候可以获得这些信息，并且实现对信息的动态跟踪和管理，从而保证计划随着现场情况的变化而得以快速反应与应对。其次，Laufer 和他的研究团队没有意识到即使在现有的可利用的信息基础上，通过计划过程的高效管理找出最优计划决策顺序，也可以减少计划过程中的猜测和估计。

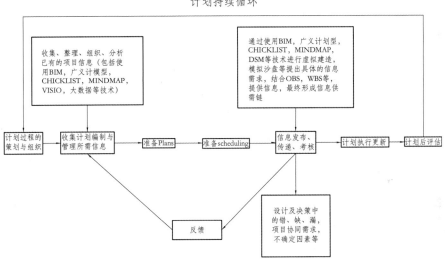

图 2.2　广义计划学的计划过程

2.4.1　项目前期计划过程研究

目前，国际上针对该阶段计划的过程研究报告不多，并主要集中在20 世纪 90 年代。其中比较著名的是 Gibson 的研究以及 Laufer 的研究。Gibson 的研究主要分为两个阶段，第一阶段，他主要致力于项目前期计划的过程模型的开发，并建立了一个通用的项目前期计划过程模型；

第二阶段他主要关注于项目的成功率和计划投入之间的关系。他通过大量的访谈与现场研究得出：项目前期计划过程中投入的精力多少与项目的成功有直接的关系。总的来说，Gibson 模拟并校核了项目前期计划过程，初步理清了项目的成功率和项目前期计划的精力投入之间的初步关系。但是计划过程研究中的一些重要问题，如计划过程中的协同问题，信息交换问题以及计划评估问题等都没有在他的研究中得到体现。

　　Laufer 则把项目前期计划简称为开发商的计划，并把计划过程分为四个阶段：① 初始阶段；② 设计前阶段；③ 施工前阶段；④ 施工计划。此时，Laufer 的研究中并没有确定详细的计划子过程，也没有模拟出计划过程中的信息流，直到 1990 年，Laufer 才得以进一步确定了项目前期计划的粗略子过程，并明确了每一个子过程的主要参与方的角色和输出成果。然而，Laufer 在 1990 年的研究中虽然反复强调了信息流的重要性，却最终未能模拟出项目前期计划过程中的信息流。

2.4.2　建造前期计划的过程研究

　　该阶段计划的过程研究一直是国际上的研究重点，其中 Laufer 团队的研究具有重要的影响力。1993 年 Laufer 等人对建造前期计划的参与者、计划编制的详细程度、计划形式以及计划公布形式等方面进行了深度调研,并指出:① 项目经理主要参与建造前期计划的合约和造价部分，而分包则做为主要编制者参与整个计划过程，包括具体施工计划到现场布置、物流计划、施工方法以及材料采购等；② 建造前期计划不仅仅是施工计划，其实准备其他功能性计划（比如说施工方法策划与选择、总平布置、材料采购以及相关手续办理的安排计划等）所花费的精力通常是具体施工计划的 5 倍；③ 建造前期计划的发布形式不仅仅是横道图，实际上它的发布形式多样；④ 建造前期计划的编制过程涉及众多参与方，可能来自于项目内部也可能来自项目外部或者政府、协会等机关组织。而为了实现不同计划和参与方的整合与高效率，Laufer 等人认为业界与学术界都需要集中精力对计划的方法、成果和工具做进一步的深入研究。

　　Gidado 则致力于建造前期计划过程的标准化研究，他通过大量的现场调研建立了一个建造前期计划过程模型，并提供了一个理想的建造前期计划过程标准模块供总承包借鉴。但是，与 Laufer 的研究一样，Gidado 的研究也未能把目前计划实践中的协调性问题、猜测和估计的跟踪与管理问题以及计划评估问题给予解决。

最近，Menches 对建造前期计划的过程管理进行了系统的研究。总的说来，她的研究分为三个阶段，首先，她通过借助与美国国家电力协会的良好关系访谈了大量的美国国家电力协会的成员企业，最终得出了一个详细的电力工程类的建造前期计划任务清单。第二阶段，她采用了流程图和过程模拟相结合的方法建立一个电力工程类的建造前期计划过程模型。第三阶段，她通过大量的案例分析最后形成一个计划评估模型，用来对项目的成功率和计划投入之间的关系进行定量分析。但是，Menches 的研究也有一些缺陷。首先，她的建造前期计划过程模型是基于电力分包商所提供的数据而建立，而这些电力分包商数据仅仅只是代表了该分包商所参与的建造前期计划过程的某些计划工作，并不能代表整个建造前期计划的全部子过程与任务。比如说，由于权利有限，电力分承包商很少参与编制总平布置与动态的场地计划，而实际上这部分计划是当今建造前期计划中的核心内容之一。另外，Menches 所建立的建造前期计划过程模型未能涵盖计划过程中的信息流，而实际上 Laufer 等众多研究先驱都反复强调计划过程中的信息流的重要性。

2.4.3　施工计划的过程研究

在 Laufer 等人的研究中采用了'短期计划'这一称呼取代了目前国内通用的'施工计划'，并认为该类计划主要包括：包工头计划，质检计划以及施工分析计划。他们指出充分利用这三种计划能够加强施工计划的全面性，极大的提高项目在施工期间的工作效率。然而，和 Laufer 等人的其他上述研究一样，该研究更类似现场实践的总结而未能更进一步提出改善计划的过程管理的具体方法。另外，值得一提的是 Cohenca-Zall 等人的研究，1994 年 Cohenca-Zall 等人从 18 个著名建筑公司中挑选了 16 位经验丰富的项目管理者就施工计划过程中的各种会议进行了深入访谈，并通过定量分析得出：在实际工作中，各种类型的短期会议是施工计划的最主要的编制及发布形式。

2.4.4 建造前期计划过程管理的重要性和困难所在

高效的建造前期计划对一个建设项目的顺利完成是至关重要的，它包含项目投标阶段、合同签订与现场施工准备期并一直延续到现场施工正式开始后的一段时间内（通常为现场施工后的一个月到两个月不等），是保证项目向前发展的主要动力，是建设项目的重要决策阶段。其通常必须在第一个现场工程师到达之前，第一批材料到达现场之前完成初步编制并在正式施工后进行进一步的完善，因此它是现场所有工作的开头。同时，在这一阶段很多施工机械与机具的主要参数与施工方法都必须得以确定。因此，项目参与者经常不得不在一定的风险下进行决策。一个高效的建造前期计划可以提高项目的控制能力和组织能力，而缺少建造前期计划的项目则将注定了失败的可能性很大。美国 The Plumbing-Heating-Cooling Contractors（PHCC）National Association 协会就曾经主办过多场旨在提高建造前期计划的过程管理的国际会议。

然而，建造前期计划的编制与过程管理并不容易，一个好的建造前期计划工程师不但需要具备较轧实的计划理论基础，还需要掌握大量的现场施工方法以及丰富的现场工作经验。实际上，建造前期计划工程师不但要求了解施工技术，而且需要知道现场管理和具体的操作方法，同时还需要对分包商进行管理和协调。另外，计划过程本身也需要计划工程师之间的协调和分工，要求他们成为好的协调者、联系员和倾听者，他们同样需要熟悉新工艺、新方法、新材料、新规范等。Kelsey 等指出虽然计划工程师在计划中花了大量时间学习和尽可能的应用他们的经验，但是他们仍然渴望运用新的方法来改进他们的工作，尤其渴望掌握高效管理与处理信息的方法。

Laufer 等人认为目前绝大多数的研究注重计划技术方面，而极少注意计划过程本身，计划过程本身应该被管理和计划。Faniran 提出在计划编制与管理方面投入更多的时间与精力以提高建造前期计划的高效率，还应该着重提高计划决策的系统性。

实际上，建造前期计划做为增加项目成功的有力保证，提高利润的有效手段，已经逐渐被建筑业所认识。但与此同时，建筑也变得越来越复杂，其合同关系与采购链也遍布涵盖全球的众多行业，建造前期计划也因此变得更为复杂。再加上计划过程的迭代性质也使得其过程管理比顺序化的过程管理更为复杂，因此正如 Laufer 和 Hollis 等人所倡导的那样：建造前期计划正变成一个复杂的系统工程，其计划过程本身的复杂程度已远远超过了前人的想象，已容不得半点忽视，应该对其进行管理和计划。

3 技术论

3.1 计划技术的回顾

计划技术一直是建筑领域的研究热点。本论文总结归纳了不同时期的主要计划技术,如图 3.1 所示。从图中可以发现计划技术从最初的 BC(横道图计技术)到最近出现的 4 维动态计划技术,经历了从简单到复杂,从单一理念基础到多样化发展的历程。总体说来,计划技术的发展具有二个特点:① 计划技术从最初集中在施工阶段逐渐发展到建造前期与设计阶段;② 计划技术对协同与不确定性的关注逐步加重。

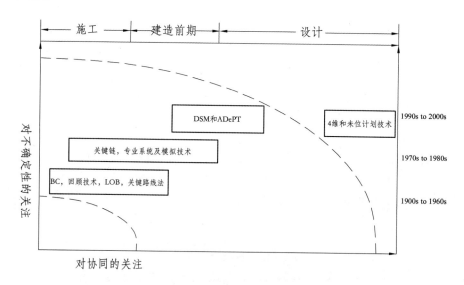

图 3.1 计划技术的演变

1. 19 世纪 40 年代的技术

实际上，中国古代就开始应用计划技术来协助古人们建造城市和桥梁，古罗马也有在道路建设中应用计划技术进行人力与物力安排与调度的典型案例。但是现代计划技术却诞生于 19 世纪初并以 Henry Gantt 发明的横道图技术为标志。直至今日，横道图技术因其容易理解和使用方便，仍然是一种应用广泛的计划技术，图 3.2 是一个横道图示例。

序号	活动	时间								
		1	2	3	4	5	6	7	8	9
1	确定制造方法	■	■							
2	制定现场废物管理计划	■	■	■	■					
3	确定现场预装配计划				■	■				
4	确定现场安装计划						■	■		
5	施工方案								■	
6	现场调研	■	■	■						
7	现场布置计划				■	■				

图 3.2　横道图示例

尽管横道图技术应用广泛，但是它也存在以下一些缺陷：① 不能显示活动或任务之间的联系；② 不能显示每个进程的完成率。最近，也有研究者针对以上缺陷进行了一些改善，比如增加一条竖线并通过联系水平时间上的横道来表示逻辑关系，比如在横道图上增加一列来显示完成率等。

2. 19 世纪 50 年代到 60 年代：LOB，CPM and PERT

19 世纪 50 年代计划技术得到了蓬勃发展。首先，固轮公司开发了 LOB（Line of Balance）技术来监测其工厂的生产活动，该技术意图通过保证每一项工序都能得到充足的资源而实现整体工作的顺利推进，其重点是确保各种资源都能按照顺序从一个工序分配到下一工序。这一技术后来在 50 年代早期被美国海军所采用，但是很快就被新出现的 CPM（关键路径）技术所取代。

1956 年，DuPont 公司的管理者认为计算机技术的发展将帮助这一领域实现飞速发展，并在接下来的四年里与 Remington Rand 公司一同联合开发了基于计算机技术的关键路径计划技术，简称 CPM 技术。该技术认为从项目开始到项目结束之间存在众多工作任务，通过关联这些工作任务之间的逻辑关系则可以构建项目开始至完工的多种可达路径的网络，而其中有一条路径是耗时最长的，也就是所谓的关键路径。目前 CPM 技术已成为应用最广泛的计划技术之一，很多的主流计划或者项目管理软件，比如 Primavera Project Planner 和 Microsoft Project，都是基于这一技术而开发建立的。但是，CPM 技术主要是针对生产过程而开发的，适合逻辑关系相对清晰，迭代较少的生产计划工作。

在 CPM 技术发展的同时，Program Evaluation and Review Techniques（PERT）技术也出现了。它首先是被美国海军特别项目办公室作为一个项目查阅工具，来帮助管理 Polaris 登月项目的外部环境，目前 PERT 技术与 CPM 技术一样得到了广泛的应用，且经常性地被混用。其实 CPM 技术强调活动的期限，而 PERT 技术强调事件在未来发生的概率。

到了 20 世纪 60 年末期，CPM 技术和 PERT 技术普遍实现了计算机软件的编制与计算，同时个人计算机也得到了普及，使得计划的编制从过去依靠非常专业的、经验丰富的计划工程师纯手工、脑力活动变成了计划软件的使用。极少有人关注计划的编制过程，其计划成果则变成了人们手提电脑里"数据库"，计划的整体质量反正整体下滑了。

3. 20 世纪 70 年代到 80 年代：模拟，专家系统和 CCPM

20 世纪 70 年代早期，计算机模拟技术得到了快速发展。它意图通过模拟建筑施工的详细操作过程，分析资源之间的相互制约，并通过"试算法"对不同方案进行评估，以进行资源优化和提高生产力。比较典型的是 Tommelein 及其学生的研究成果。其中 Tommelein 应用了 STROBOSCOPE 技术对施工过程进行了模拟并其根据过程的不确定性及资源流动等因素进行多方案评估。Alves 则利用 STROBOSCOPE 技术对空调系统的风管加工过程进行了计算机模拟。

进入 80 年代，专家系统计划技术得到了发展，人工智能技术首次应用于建筑施工管理。Dzeng 开发了一个以案例为基础的专家系统计划技术，实现了以过往工程案例为基础的新建类似工程施工计划的自动生成。然而，有研究者指出：专家系统的主要目标是让专家的头脑中的知识用计算机来公式化，它在极端动态环境下提供可选择的余地很少。

值得一提的是，20 世纪 70 年代到 80 年代这一时期，美国著名的项目管理大师 Goldratt 也为计划技术的发展做出了突出贡献，他在 1977 所提出的关键链项目管理技术（Critical Chain Project Management，简称 CCPM）是 CPM 技术的进一步发展。总体来说，CCPM 以约束理论为基础，它与传统的 CPM 技术相比具有两个优势：① CCPM 采用限制理论将时间和资源作为决定项目工期的依据；② 它采用缓冲管理理念，在计划和控制中，设置资源缓冲区、反馈缓冲区、项目缓冲区，从而能够提高计划的可靠性。

4. BIM 技术和末位计划技术

进入 20 世纪 90 年代，随着'建筑反思'行动的普及，计划技术也出现了反思与评判。众多的专家与学者呼吁重视计划过程。BIM 技术（最初叫 4D CAD）与末位计划技术以及下节中所要回顾的 ADePT 技术就是在这样的背景下得到了快速发展。其中，BIM 技术将建造活动和建设时间安排联系起来并以三维模型来描述建造组成、虚拟仿真和建造过程演变的计算机技术的统称。目前 BIM 技术形式大致分为四个领域：描述建筑构成的 BIM 虚拟技术、为建筑过程的通信及协作服务的 BIM 虚拟平台技术、建造过程的 BIM 模拟和分析技术以及施工过程的 BIM 空间规划和现场布置虚拟技术。总体来说，BIM 技术能提高建设计划过程的可视化、提高施工图的可建设性、提高现场布置计划的有效性、优化现场物流组织等。目前部分学者把 4D 技术称之为新型的计划技术。事实上，BIM 技术并不是计划技术。它需要先有计划，然后 BIM 技术只是把计划中的工序与时间做为众多属性中的一种赋予到 3 维 CAD 模型，从而实现虚拟的动态建造过程。

末位计划技术则是另一个发展方向，是 Ballard 于 1994 年基于精益思想而发展起来的一种计划技术。该技术意图通过稳定产品生产层面的工作流来增加计划的可靠性，并减少生产过程中的不确定性。事实上，这一技术的发展经历了三个阶段：最初该技术只是致力于提高周计划的可靠性以实现一线工人的生产率；该技术的第二个阶段重点关注任务分配与任务衔接之间的可靠性，意图从整体的施工全过程上控制工作流的稳定性实现计划的可执行性；最后，该技术的关注点从施工过程扩展到了设计过程，意图通过管理设计过程中的信息流来实现设计计划的可执行性，但该阶段的成果基本上借鉴了 Simon 和李百战的研究成果未能有突破性的创新。总得来说，末位计划技术提供了一种新的计划编制与过程管理的思路，它能通过提高工作流的稳定性，来提高计划的可靠性可执行性。

5. 20 世纪末 21 世纪初：结构矩阵和 ADePT 技术

到了 20 世纪末，设计阶段的计划技术开始得到了业界与学术界的广泛关注。比较著名的有 Stewar 的 DSM 技术、Simon 与李百战的 ADePT 技术。其中 DSM 技术提出计划的关键是理清与管理任务之间的依赖关系，并引入了矩阵来呈现与优化项目中任务之间的依赖关系。ADePT 技术则是 1999 年 Simon 与李百战针对建筑设计阶段的迭代特性，引入信息流模拟技术与 DSM 技术相结合的方法对建筑设计阶段的设计任务进行计划编制与管理。

3.2　讨　论

本章讨论了目前流行的计划管理方法和计划技术，对计划进行了定义，确定了计划的目标、特征、阶段的划分，并对建造前期计划过程管理的重要性和困难所在进行了详细的阐述。对计划技术的发展历史作了回顾和总结，指出依赖矩阵技术能够清晰地表达任务之间的关系，且能实现任务顺序的优化。

通过本章的文献回顾表明，在过去的几十年里建筑业过于强调计划技术的研究而忽视了计划过程本身的研究。事实上正确的计划过程应当包含：计划策划，信息收集，计划准备，信息传播以及计划评估。而实际工程中计划策划和计划评估被严重地忽略了，而其他三个计划过程在实践中也存在缺陷。文献回顾进一步表明，在实践中，估计和猜测是计划决策常用的方法，然而不管是计划编制者本人还是其他的项目参与者在计划的更新与执行过程中都没有系统的对这些猜测进行过跟踪与评估。另外，文献回顾表明，计划过程需要计划工程师们的高度合作，但目前工程实践中缺少合作平台。研究认为如果要想让计划变得高效，必须对计划过程展开研究，计划的方法必须得到改变，收集和扩散信息的方法必须得到提升，同时必须对计划过程中的不确定性与假设进行跟踪与修正。

文献回顾也表明，虽然计划过程中的信息流管理的重要性被反复强调，但是目前的研究中针对计划过程建立的模型都未能模拟出计划过程中的信息流，而且计划本身的过程与特性都未能被研究清楚（比如计划过程包括哪些内容，信息是如何流动的等均存在研究空缺）。其次，对于计划过程中的信息流动而引起的计划活动之间的迭代特性也未能深入得到认识，由于信息估计和猜测引起的计划动态变化更没有相关的技术能够支持，更不要说对此进行处理和管理。

文献表明，建造前期计划是建设项目是否能够顺利完成的关键制约因素，一个高效的建造前期计划可以提高项目的控制能力和组织能力，而缺少建造前计划的项目则将注定了失败的可能性很大。该阶段同时具有重要的承上启作用，其向上承接设计过程，向下衔接施工过程，同时也开始了部分的现场施工工作（三通一平，临时水电，临建等）。该阶段是项目的重要的决策阶段，几乎所有的重要参数和方法都必须做出决策安排，然而同时该阶段也是信息爆炸与大量信息缺失、失真的共存阶段。事实上，参与该阶段的计划工程师们经常需要根据自己的经验进行大量的信息估计和猜测行为，需要在一定的风险下进行决策。另外，该阶段的计划工作对协同与沟通要求极高，经常性地需要跨区域、跨行业、跨公司、跨部门的深度团队合作和协同。文献研究表明，建造前期计划作为增加项目成功的有力保证，提高利润的有效手段，已经逐渐被建筑业所认识，但是建造前期计划类型繁多，形式多样，建造前期计划的编制与过程管理十分困难。而对于城市综合体这样一个多系统、多功能汇集的复杂工程却通常是需要被不确定因素充斥，资源有限、成本紧缩、场地狭窄等诸多约束条件下完成快速与高效的建设任务，其困难不仅来自技术的复杂性，更来自其计划的复杂性（更为复杂的合同关系和采购链遍布全球），其建造前期计划的过程管理和策划将变得更为重要和困难。

文献研究表明，虽然学术界和业界，甚至具体项目部本身都在计划方面投入了大量的人力物力，但效果并不明显。研究表明：计划过程本身需要被管理和计划，为了提高建造前期计划的效率，应该着重提高计划决策的系统化，而研究者对计划的迭代特性的深入理解，也提出了需要一种技术能够支持处理计划的迭代和循环特性。

综上所述，通过文献回顾，笔者确定了本研究的研究重点是对计划过程进行研究，处理计划过程中的信息流动，实现对计划过程的组织和管理。确定以建造前期计划为研究对象。在相对复杂、不确定因素充斥等诸多约束条件的城市综合体工程的背景下，讨论如何做好、管好建造前期计划，这就是本研究的研究问题。为了进一步深入剖析目前建造前期计划的现状，了解当前工业界对计划的关注重点，找到建造前期计划的问题所在，发现其本质特征，在接下来的章节我们将进行实践调查研究，从而为建立建造前期计划过程通用模型和动态协同计划方法，为建造前期计划过程的组织和管理提供支持手段和方法，为其他建筑形式的计划编制与过程管理的研究及应用奠定基础。

4　动态协同计划原理与方法

4.1　广义计划体系构想

计划是一系列迭代特征明显的复杂协同决策过程，其困难不仅来自于计划的复杂性，更来自于其决策过程的迭代性。并且指明了建造前期计划的核心是动态信息管理，而动态信息管理的核心是对不确定性的管理。同时交叉研究结果表明了建造前期计划决策过程与大型方程组的求解过程类似，从而为用数学方法来模拟和求解建造前期计划这一决策过程。并借助沙盘推演，动态模拟为决策提供依据，最终实现整体系统下的复杂问题简单化，简单问题逻辑化，逻辑结果计划化，计划结果定量化。

随着计算机技术的发展，大型方程组的运算可以通过矩阵技术得以快速实现。它能够在信息流动的基础上对整个建造前期计划过程进行管理和监控，实现减少决策风险，提高计划可靠性的目标。本研究通过深入分析建造前期计划过程特征，结合结构矩阵算法提出构建动态协同计划方法，实现做好、管好城市综合体工程的建造前期计划的解决方案，如图 4.1 所示。该方案包括四个步骤：① 采用工作分析法将建造前期计划过程进行层级分解，创建建造前期计划层级分解图；② 根据建造前期计划层级分解图建立相应的信息依赖表；③ 将信息依赖表转化为矩阵形式，利用任务之间的信息敏感度，进行旨在减少任务之间的循环迭代的结构矩阵运算；④ 将矩阵运算后的优化结果以横道图显示或者直接导入目前常用的计划软件，如 Micro Project 或者 P3。

因此，通过构建建造前期计划过程的数学模型和求解原理，通过实际案例建立数学模型和求解方法，并推导出复杂方程组对应的矩阵求解方法和原理以及基于建造前期计划的数学模型求解过程。由于计划过程中的信息的动态性，需要在计划协同过程中跟踪和管理"猜测和估计"的信息，以实现计划的动态进化，同时通过矩阵的解耦和撕裂运算，形成团队可协同管理的任务块，并根据任务块确定协同内容、协同范围、协同对象等，为不同工种不同学科之间的协同提供依据，实现动态协同计划。

　　根据以上解决方案，首先必须对建造前期计划过程进行数学建模，然后需要选择一种建模技术对建造前期计划过程进行模拟并构建模型。

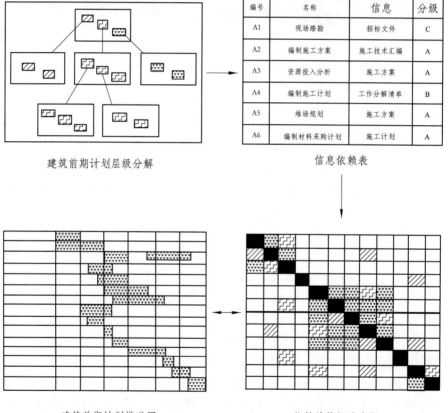

编号	名称	信息	分级
A1	现场踏勘	招标文件	C
A2	编制施工方案	施工技术汇编	A
A3	资源投入分析	施工方案	A
A4	编制施工计划	工作分解清单	B
A5	堆场规划	施工方案	A
A6	编制材料采购计划	施工计划	A

建筑前期计划层级分解　　　　　　　　信息依赖表

建筑前期计划横道图　　　　　　　依赖结构矩阵分析

图 4.1　建造前期协同计划示意图

　　本章主要介绍建造前期计划的数学建模过程和求解过程，用数学方法来深刻揭示计划过程的本质特征，并指出对于大型复杂的方程组的结构矩阵转换和求解原理,通过结构矩阵的运算建立了动态协同计划方法，为建造前期计划过程模型的优化提供数学基础。

4.2　建造前期计划数学模型及求解

　　数学是一切知识之母，如果一实际问题可以用数学的形式表达，则可以探索问题的本源。通过数学语言来描述实际问题，使之变成数学问题，然后通过数学方法来加以解决，同时计算机技术的飞速发展也为大型复杂的数学运算问题的解决提供了可能。交叉研究结果表明，建造前期计划过程是一个决策过程，由于决策所需信息的不充分导致这个过程呈现反复迭代的特性，表现为计划任务之间相互关联和依赖，那么如何用数学方法来表示和探讨建造前期计划决策过程呢？

　　实际上，在计划决策过程中需要大量的信息，其决策过程相当于一个含有很多变量的方程组求解问题。在所需信息不充分的时候，决策者经常会根据自己的经验估计或者猜测信息，相当于在求解方程组的时候假设一个方程中某变量的值，然后将其代入其他的方程中，求解其他变量的过程。这个变量还需要代回到原来的方程中进行检验，相当于把最新出现的信息与以前决策所依据的那些猜测与估计进行一一核对及修正，并进而对原始的决策以及该决策所引起的"骨牌效应"进行全面的评估与修正，进而保证计划的动态"进化"与持续完善。因此对于每个计划决策任务可以通过建立相应的方程来进行描述，方程中所含有的变量就是该任务决策所需要的信息，只有当该任务中的所需信息都确定了，关于该任务的决策才会比较可靠。同时方程组联合求解过程就表达了计划任务的协同决策过程，通过数学方法寻找出那些相互依存的任务进行解耦，确定那些高度不确定性的工作任务将其隔离，对那些解耦无法分解的相互依存任务，则通过协同决策和共同管理这些任务之间的界面（通过分析方程组的构成，也就是多个任务组成的任务块，管理者可以确定协同范围、协同内容、协同对象等），或者采取增加资源来吸收过程中的不确定性，从而提高建造前期计划过程中的协同性，为计划编制参与各方协同工作提供依据。

　　对于城市综合体这种复杂的建设项目，包含上百条的计划任务，所需信息有几千条，相当于上百个方程组联立求解。其计划决策过程是可以通过建立相应的大型方程组来进行数学描述。而在数学模型求解过程中可以将大型方程组转化为邻接矩阵，通过矩阵运算对整个计划过程中的信息流动的状态加以判断，从而实现对计划中信息流动的管理和基于不确定性管理的计划任务的决策顺序优化。在接下来的章节中将采取案例研究的方式从简单到复杂逐步深入的介绍针对计划决策过程建立数学模型的方法，以及数学求解过程和对应的在计划决策过程中的含义。

4.2.1　计划中三种简单案例的数学模型及其求解

1. 顺序求解（无反馈）

本文利用深圳 W 项目案例中的铲冰车就位计划进行说明。该案例中的铲冰车就位计划首先包括了编制铲冰车包装运输方案，确定铲冰车吊装参数以及选择吊装机具等三大任务。在该案例中，如果铲冰车的包装运输方案不先行确定，则铲冰车的外包装尺寸及重量就无法出来，其结果将导致无法确定其吊装参数，而吊装参数的缺失又将导致铲冰车的吊装机具确定不下来。因而铲冰车的包装运输方案是确定吊装参数的先决问题。没有外包装尺寸及重量，未提供吊装参数，就很难进行吊装机具的选择工作，因而这些又是选择吊装机具的先决问题。它们的相互关系，可以用箭头图来表示（单代号或者双代号均可），在本论文选择国际常用的单代号图予以表现如图 4.2 所示。

| 编制铲冰车包装运输方案 | → | 确定铲冰车吊装参数 | → | 选择吊装机具 |

图 4.2　铲冰车就位计划流程

该单代号图也可以以"田字"形式表现，即把计划决策活动与信息分别列在竖向与横向的第一排或者第一列的表格当中。并以 X 来表示决策活动与信息之间的关系，在本研究中以横向表示信息的需求（比如做计划决策"编制铲冰车包装运输方案"与"铲冰车的长、宽、高等尺寸"的交叉处有一记号"X"，它表示："编制铲冰车包装运输方案"需要"铲冰车的长、宽、高等尺寸"这条信息），而竖向表示信息的供应（比如以上例表明"铲冰车的长、宽、高等尺寸"是"编制铲冰车包装运输方案"的信息）。如下表 4.1 所示：

表 4.1　铲冰车就位计划田字图

	铲冰车的长、宽、高等尺寸	铲冰车的外包装参数及重量	起吊参数
编制铲冰车包装运输方案	X		
确定铲冰车吊装参数	X	X	
选择吊装机具		X	X

为了方便表达，分别以数字及字母代表计划工作及计划所需信息，即用 1 代表编制铲冰车包装运输方案，2 代表确定铲冰车吊装参数，3 代表选择吊装机具。a 代表铲冰车的长、宽、高等尺寸；b 代表铲冰车的外包装参数及重量；c 代表起吊参数。因此，表达如表 4.2。

表 4.2　铲冰车就位任务和参数编号

	a	b	c
1	X		
2	X	X	
3		X	X

转换为数学方程组表达形式见方程组（4.1）的形式。

$$\begin{cases} f_1(X_a) = 0 & (4.1\text{-}1) \\ f_2(X_a, X_b) = 0 & (4.1\text{-}2) \\ f_3(X_b, X_c) = 0 & (4.1\text{-}3) \end{cases}$$

该案例中的计划任务的决策问题就已经转化为了联立方程组求解。下一步则是对该方程组进行求解，其过程求解如下：首先通过方程（4.1-1）求解出 X_a 的解，将此解带入方程（4.1-2），求出 X_b 的解，将 X_b 的解代入方程（4.1-3），求出 X_c 的解。到此，方程组（4.1）的所有的参数都得到了解答。用 G 来表示方程 1 中变量 X_a 的解，则上述过程就能表达如方程组（4.2）的形式。

$$G_{1a} = X_a \qquad (4.2\text{-}1)$$
$$\downarrow$$
$$G_{2b}(X_a) = X_b \qquad (4.2\text{-}2)$$
$$\downarrow$$
$$G_{3c}(X_b) = X_c \qquad (4.2\text{-}3)$$

　　这种一系列的替代和求解过程在城市综合体工程的计划管理中其实就是一种信息流动的过程。这种信息流动的过程可以这么描述，一个方程的代号后面跟着一个变量的代号，表示该方程可以解出该变量，而一个变量的代号后面跟着一个方程的代号则表示该变量可以代入该方程。信息流动过程就可以描述成一系列方程代号和变量代号的改变，称之为路径，路径开始和结束都是用一个方程代号就称之为"链节"，比如说 $1a2b3$ 就表示方程（4.2-1）可以求解出 X_a 的变量，将其代入方程（4.2-2）可以求解出 X_b 的变量，将其代入方程（4.2-3），过程可表述为如（4.3）所示：

$$
\begin{array}{cccc}
 & a & b & c \\
1 & X & & \\
 & \downarrow & & \\
2 & X & \rightarrow & X \\
 & & \downarrow & \\
3 & & X & \rightarrow & X
\end{array}
\qquad \text{链 } 1a2b3 \qquad (4.3)
$$

　　从一个变量指向一个方程的竖线表示的是将这个变量代入这个方程（变量代号在前，方程代号在后），而从一个方程指向一个变量的横线则表示方程对该变量的求解（方程代号在后，变量代号在前）。

　　方程组（4.1）在案例中的表达就是，"编制铲冰车包装运输方案，确定铲冰车吊装参数，以及选择吊装机具"这三个任务如果按照正确的先后顺序依次进行决策，即先确定铲冰车包装运输方案，再确定铲冰车的吊装参数，最后进行吊装机具的选择，则不会出现不确定性。在实际工作中，极少有人会考虑计划决策的顺序问题，从而为工程增加了许多无谓的不确定因素。比如在作者调查案例中，深圳 W 项目的项目经理就不是按照图 4.2 所示进行决策的，而是先确定好了铲冰车的吊装机具（在该案例中，因为铲冰车的到场时间在天窗安装之后，他因此决定不等铲冰车就位了，先进行天窗的施工工作，之后想使用汽车吊从建筑物的侧面吊装到 3 楼以完成就位工作）。等到汽车吊到了现场，却发现铲冰车的重量超出了该汽车吊的最大起吊范围。只好重新拆除了采光天窗，使用塔吊进行铲冰车的吊装与就位，也把一个本来确定的、有序的吊装工作干成了一波三折的情形。由此，可以想象在城市综合体这样一个极其复杂，信息海量的工程中，当成千上万个决策需要决定，仅仅依靠工程人员的经验与头脑来确定这些决策的先后顺序也就成为几乎不可能实现的愿望了，更不要说当下节中的另外一种更复杂的情况混合一起出现时，城市综合体的计划工作是多么的复杂。

2. 参数相互影响的模型求解（一次反馈）

在深圳 W 项目的 150 m 塔楼屋面钢结构及屋面幕墙安装计划就出现过另外一种更为复杂的逻辑关系。在该案例中，由于该 150 m 高的塔楼屋面场地极其狭窄导致了屋面钢结构的安装方案与屋面幕墙的安装方案的多次协调。从决策逻辑关系上来说，塔楼屋面幕墙是安装在屋面钢结构之上的，因此在塔楼屋面幕墙的安装方案之前需要先确定塔楼屋面钢结构的安装方案。但塔楼屋面钢结构的安装方案的确定又需要先有塔楼屋面场地规划的决策结果，即塔楼屋面场地利用规划图。但该屋面场地利用规划图又需要在塔楼屋面幕墙的安装方案确定之后，才能知道幕墙单元板块的堆放空间面积及吊装操作空间需求。它们的相互关系，用箭头图表示如图 4.3：

图 4.3　计划决策流程

该单代号图用"田字"形式表现如表 4.3。

表 4.3　塔楼屋面钢结构及屋面幕墙安装计划田字图

	幕墙埋件施工草案	钢结构安装草案	幕墙安装草案
确定钢结构安装方案	X	X	
确定幕墙安装方案		X	X
确定幕墙埋件施工方案	X		X

为了方便表达，分别以数字及字母代表计划工作及计划所需信息，即用 4 代表"确定钢结构安装方案"；5 代表"确定幕墙安装方案"；6 代表"确定幕墙埋件施工方案"；c 代表幕墙埋件施工草案；d 代表钢结构安装草案；e 代表幕墙安装草案。如表 4.4 所示：

表 4.4　塔楼屋面钢结构及屋面幕墙安装计划任务和参数编号

	c	d	e
4	X	X	
5		X	X
6	X		X

其数学形式如下列方程组（4.4）所示：

$$\begin{cases} f_4(X_c, X_d) = 0 & (4.4\text{-}1) \\ f_5(X_d, X_e) = 0 & (4.4\text{-}2) \\ f_6(X_e, X_c) = 0 & (4.4\text{-}3) \end{cases}$$

对于方程组（4.4）来说，没有一个方程能够独立求解，所有方程都必须和其他的方程联立才能求解。这种方程可以通过迭代的方法或者消元的方法来求得，但是不论哪种方法都表达了同样的信息流动情况。不论是迭代方法还是消元方法，首先都必须确认每个方程中先求解哪个变量，这种变量称之为方程的输出变量或者非独立变量，而剩下的变量则称之为输入变量或者独立变量。输出变量是通过输入变量求解的，每个方程的输出变量组成的集合称之为输出变量集，比如对于方程组（4.4）的方程（4.4-1），X_c 可能容易求解，方程（4.4-2）中的 X_d 可能容易求解，而方程（4.4-3）中的是 X_e 可能比较容易求解。那么其输出变量集可能是（$1d$, $2e$, $3c$）。对于输出变量集，满足两个条件：① 方程组中，每一个方程有一个输出变量。② 每个变量只能被某一个方程指定一次。变量与方程的不同的匹配关系，就构成方程组不同的输出变量集。在方程组（4.4）中不论（$1d$, $2e$, $3c$）还是（$1c$, $2e$, $3d$）都是有效的输出变量集。（$1d$, $2e$, $3c$）只是主观设的选择，用函数来表示如方程组（4.5）：

$$\begin{cases} G_4(X_c) = X_d & (4.5\text{-}1) \\ G_5(X_d) = X_e & (4.5\text{-}2) \\ G_6(X_e) = X_c & (4.5\text{-}3) \end{cases}$$

如果在此基础上对方程组（4.4）使用迭代方法求解，迭代开始时需要随意设定一个变量的值，比如说 $X_c=0$，那么通过方程 1 就能求得 X_d，$1d$，然后通过将 X_d 代入方程(4.5-2)，得到 X_e，然后将 X_e 代入方程（4.5-3），得到 X_c，接着将其代入方程（4.5-1）。此处不考虑迭代是否收敛，整个过程的的信息流程为 $1d2e3c1$，用函数形式表达则如方程组（4.6）：

$$G_{4d}(X_c^{(i)}) = X_d^{(i)} \tag{4.6-1}$$

$$G_{5e}(X_d^{(i)}) = X_e^{(i)} \tag{4.6-2}$$

$$G_{6c}(X_e^{(i)}) = X_c^{(i+1)} \tag{4.6-3}$$

接下来，用消元法来对方程组（4.4）进行求解，使用同样的输出变量集（1d，2e，3c）。首先，通过方程（4.6-1），将 X_d 表达成为一个变量 X_c 的函数（1d），然后将其代入方程 2（d2），再用 X_d 表示出 X_e（2e），因此通过消元将 X_d 从方程（4.6-1）和（4.6-2）中消除，接下来将 X_e 代入方程（4.6-3）（3c），得到一个关于 X_c 的方程（3c），由此求解出 X_c 的准确值，接着将 X_c 代入方程（4.6-1），求出 X_d 的解，然后代入方程（4.6-2）求出 X_e 的解。这整个过程链表示为 $4d5e6c$，用函数来表示整个过程见方程组（4.7）：

$$G_{4d}(X_c) = X_d$$
$$\downarrow$$
$$G_{5e}(X_d) = G_{5e}(G_{4d}(X_d)) = G_{4d5e}(X_d) = X_e$$
$$\downarrow$$
$$G_{6c}(X_e) = G_{6c}(G_{4d5e}(X_d)) = G_{4d5e6c}(X_d) = X_c \tag{4.7}$$

如此可以看出，无论是消元法还是迭代法，对于同样的输出变量集（4d，5e，6c），其过程链都是 $4d5e6c4$，表示同样的替换顺序，迭代法是数字的替代，消元法是代号形式的替代。

值得注意的是信息链的头和尾一样，这说明开始计算的方程和结尾的方程是同一个，这种信息链就是"循环"，循环的存在表示：循环包含的方程都不是独立能够求解的，都必须和其他的方程联立才能求解。在能对循环中的方程求解的之前，未知的信息（在工程中，就是不确定性）一直存在于循环之中，对于迭代方法，未知信息被作为数字误差而传递，对于消元法，未知信息就是以代号的形式传递。在实际工作中，工程人员通常是通过经验或者猜想估计来进行"求解方程的"，比如在该案例中，深圳 W 项目的钢结构施工单位根据自己的过往经验估计塔楼可能使用单元板幕墙后置式镀锌钢板预埋方式，而制定了钢结构施工方案，而幕墙施工单位则根据钢结构施工图编制了后置式预埋件方案，并提供给钢结构施工参照复核。以上过程采用求解过程表示如下：钢结构施工单位根据经验假定 X_c=后置式镀锌钢板预埋方式，并以此求得 X_d=深圳 W 项目钢结构安装方案，而幕墙施工单位则根据 X_d=深圳 W 项目钢结构安装方案，求得 X_e=深圳 W 项目幕墙安装方案（包括幕墙埋件施工方案，即后置式镀锌钢板预埋方式）。

求解循环中的方程式可以从任何一个循环中的方程开始。比如对方程组（4.4），可以从方程（4.4-2）开始，求得 X_c，然后代入方程（4.4-3），求得 X_a 等，其信息链顺序则为 2c3a1b2，这是同种循环的等同的信息链形式，这种等同信息链的形式可能有很多，但是我们只需要确定其中一种代表形式：循环形式的开始和结尾都是由最小编号的方程的代号组成，即循环的标准形式，比如说 1b2c3a1，2c3a1b2，3a1b2c3 都是循环的等同的信息链表达形式，但是其标准形式为 1b2c3a1。考虑到不同的输出变量集获得不同的循环形式，接下来将继续讨论输出变量集和循环形式之间的关系，也就是说给出一个输出变量集和其循环形式，就可能直接产生其他的输出变量集及其循环形式。实际上，对于变量和方程一样多的方程组，如果不存在一个输出变量集，那么就一定存在一个变量少于方程的方程子集。假如，方程组包含一个变量少于方程数的方程子集，通常不一定是绝对，不可能存在唯一的解，否则就是约束条件过多，如果不存在这种情况，最好是这些变量被剩余的方程全都消元了。但是，剩下的方程包含的变量将比方程多，这样的方程组是不能单独解的。在实际工程中，当这样的计划任务群出现时，把该计划任务群做为一个整体统一进行处理，可以对其中那些高度不确定性的任务进行孤立，对那些相互依存的任务进行解耦。对于那些解耦都无法分解的相互依存任务，通过管理该些任务的之间的界面，或者采取增加有选择性的多余资源来吸收过程中的不确定性。

3. 参数影响更为复杂的情况（二次反馈）

在实际的城市综合体的计划工作中还可能出现更为复杂的任务关系（ A 需要 C，C 需要 B，而 B 却需要 A 与 C 的情况）。在本研究中，还是以深圳 W 项目铲冰车就位案例，其接下来的计划工作包含：编制铲冰车吊装保护方案，工地现场吊装场地条件的踏勘与分析以及确定吊装人员配置。在此系列任务之中出现了一种新的情况，该些任务的执行不同于顺序决策的三个任务（"编制铲冰车包装运输方案，确定铲冰车吊装参数，以及选择吊装机具"这三个任务可以按先后顺序依次进行而不会出现不确定性，根据方程组（4.1）也可看出这三个任务所对应的功能函数即三个方程组的求解可以按照先求解 X_a，再求解 X_b，最后求解 X_c 而得到确定的解）。而出现了"编制铲冰车吊装保护方案"与"工地现场吊装场地条件的踏勘与分析"互为先决条件的新情况，同时"确定吊装人员配置"也需要"编制铲冰车吊装保护方案"这一任务的决策结果。它们的相互关系，用箭头图表示如图 4.4 所示：

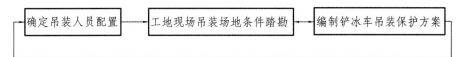

图 4.4   确定铲冰车吊装方案流程

该单代号图用"田字"形式表现如表 4.5。

表 4.5   铲冰车吊装计划田字图

	铲冰车吊装保护草案；已确定了的吊装机具类型及型号	工地现场的现状信息（总平布置图等）；人员配置草案；铲冰车吊装保护草案	工地现场吊装场地条件分析报告；项目部的岗位职责表
确定吊装人员配置	X		X
工地现场吊装场地条件踏勘	X	X	X
编制铲冰车吊装保护方案		X	X

为了方便表达，分别以数字及字母代表计划工作及计划所需信息，即用 1 代表"确定吊装人员配置"，2 代表"工地现场吊装场地条件踏勘"，3 代表"编制铲冰车吊装保护方案"，a 代表"铲冰车吊装保护草案"，b 代表"工地现场的现状信息（总平布置图等）"，c 代表"工地现场吊装场地条件分析报告"。表达如表 4.6：

表 4.6　塔楼屋面钢结构及屋面幕墙安装计划任务和参数编号

	a	b	c
1	X		X
2	X	X	X
3		X	X

其数学形式如方程组（5.8）所示：

$$\begin{cases} f_1(X_a, X_c) = 0 \\ f_2(X_a, X_b, X_c) = 0 \\ f_3(X_b, X_c) = 0 \end{cases} \qquad (4.8)$$

针对该方程组，本论文引入邻接矩阵进行简单变换。首先，我们采用类似方程组（5.2）的处理方法得出方程组（5.8）的输出变量集为$(1a, 2b, 3c)$，现用 φ_i 表示方程 i 的输出变量，则 a_{ij} 定义为：

$$a_{ij} = \begin{cases} i\varphi_i j,\ 如果变量\ \varphi\ 出现在方程\ j\ 中，且\ i \neq j \\ 0,\ 其他 \end{cases} \qquad (4.9)$$

而 φ_{ij} 则为一个连接点，a_{ij} 组成 i 行 j 列的元素的矩阵，即为邻接矩阵，比如说，对元素 a_{12} 来说(即这个元素在方程组（5.4）的连接矩阵的行 1，列 2 位置），那么，$i=1$，对于输出变量集（1a，2b，3c），$\varphi_1 = a$，更进一步说，x_a 出现在方程 $j=2$ 中，因此 $a_{12} = i\varphi_i j = 1a2$，因此对于方程组（4.8），可以得到其邻接矩阵如下所示：

$$\begin{array}{c|ccc} & 1 & 2 & 3 \\ \hline 1 & 0 & 1a2 & 0 \\ 2 & 0 & 0 & 2b3 \\ 3 & 3c1 & 3c2 & 0 \end{array} \qquad (4.10)$$

根据图论，如果在非零元素出现的地方用 1 来表示，就可以将邻接矩阵转化为布尔矩阵的形式。但是，矩阵（4.10）的形式可以追溯信息链的来龙去脉，能够清楚地表达信息流动过程。

一个从任务 i 到 j 的链和一个从任务 j 到 k 的链表明任务 i 和 k 之间存在链接（路径），通过这种方式，就可以知道链接所描述的变量替代顺序。由此得到以下的链的乘法定义。

$$(i\varphi_i \cdots j) \cdot (j\varphi_j \cdots k) = i\varphi_i \cdots j\varphi_j \cdots k \qquad (4.11)$$

也就是说，如果左边链的最后一个元素和右边链的第一个元素相同，右边链的第一个元素省略，链可以连接起来形成路径，如果相反，则不存在路径。

$$\begin{cases} [a_{ij}] = \begin{bmatrix} 0 & 1a2 & 0 \\ 0 & 0 & 2b3 \\ 3c1 & 3c2 & 0 \end{bmatrix} \\ [a_{ij}]^2 = \begin{bmatrix} 0 & 0 & 1a2b3 \\ 2b3c1 & 2b3c2 & 0 \\ 0 & 3c1a2 & 3c2b3 \end{bmatrix} \\ [a_{ij}]^3 = \begin{bmatrix} 1a2b3c1 & 0 & 0 \\ 0 & 2b3c1a2 & 0 \\ 0 & 0 & 3c1a2b3 \end{bmatrix} \end{cases} \quad (4.12)$$

本次的分析先不讨论含有子循环的链，比如说链 $1a2b3c2b1$，含有子循环 $2b3c2$。不存在子循环的链才是一个"恰当的链"，根据以上的定义，链的乘法定义可以增加一条规则，如果链接不是一个恰当的链，那么路径是不存在的，比如说 $1a2b3 \cdot 3c2b4$ 是不存在的，因为含有子循环 $2b3c2$。

链中元素所带的变量的数字称之为链的序号，链的一个序号称之为一个连接点。矩阵的元素可以是一个链系列组合，因为从 i 到 j 可能有很多条链，这种元素的增加意味着这些系列的组合，也就是说，一个链的所有组合的结果来自于左边的链乘以右边的链。

所有的二次链的设置从 i 到 j 是链 $i_{\varphi i} k_{\varphi} k_{ij}$ 设置。对于所有的 k，元素的加法和乘法的定义都用到了矩阵的乘法定义当中来定义矩阵的乘法，接着，包含所有的平方链是连接矩阵的平方。如果有 n 个方程，连接矩阵比 n 大的求幂结果为空，也就是说不存在一个合适的路径，循环就是从 i 到 i 的链，出现在对角线上。

$$\begin{cases} [a_{ij}] = \begin{bmatrix} 0 & 1a2 & 0 \\ 0 & 0 & 2b3 \\ 3c1 & 3c2 & 0 \end{bmatrix} \\ [a_{ij}]^2 = \begin{bmatrix} 0 & 0 & 1a2b3 \\ 2b3c1 & 2b3c2 & 0 \\ 0 & 3c1a2 & 3c2b3 \end{bmatrix} \\ [a_{ij}]^3 = \begin{bmatrix} 1a2b3c1 & 0 & 0 \\ 0 & 2b3c1a2 & 0 \\ 0 & 0 & 3c1a2b3 \end{bmatrix} \end{cases} \quad (4.13)$$

值得注意的是，矩阵的 m 次幂中，出现在对角线的循环的形式等同，比如说，循环 $2b3c2$ 和循环 $3c2b3$ 在二次幂中是相同的，循环 $1a2b3c1$，$2b3c1a2$，$3c1a2b3$ 在三次幂中也是相同的。

如果先前定义的两条链的连接中出现一个方程的序号低于链的第一个方程的序号，那么这个任务不存在，比如 $5b8c6 - 6d3e7=\phi$，这条定理可以减少很多操作步骤。

在以上的举例当中，有两个明显的循环，标准形式为 $2b3c2$，$1a2b3c1$，循环显示如下：

$$
\begin{array}{cccc}
& a & b & c \\
1 & X_{\varphi} & & X \\
\\
2 & X & X_{\varphi}{\leftarrow}X & \\
& & \downarrow \quad \uparrow 2b3c2 & \\
3 & & X{\rightarrow} X_{\varphi} &
\end{array}
\qquad
\begin{array}{cccc}
& a & b & c \\
1 & X_{\varphi} & \longleftarrow & X \\
& \downarrow & & \uparrow 1a2b3c1 \\
2 & X{\rightarrow} X_{\varphi} & & X \\
& & \downarrow & \uparrow \\
3 & & X{\rightarrow} X_{\varphi} &
\end{array}
\qquad (4.14)
$$

以上说明了获得输出变量的方法，与输出变量相关的循环的获得方法，现在考虑循环和输出变量之间的关系，也就说，给出任何以个输出变量及其循环，那么其他的输出变量和循环都能够直接产生。

$$
\begin{array}{cccc}
& a & b & c \\
1 & X{\rightarrow} X_{\varphi} & & \\
& \uparrow & \downarrow & \\
2 & & X{\rightarrow} X_{\varphi} & \\
& & & \downarrow \\
3 & X_{\varphi} & \longleftarrow & X
\end{array}
\qquad
\begin{array}{cccc}
& a & b & c \\
1 & X_{\varphi}{\leftarrow}X & & \\
& \downarrow & & \uparrow \\
2 & & X_{\varphi}{\leftarrow}X & \\
& \downarrow & & \uparrow \\
3 & X & \longrightarrow & X_{\varphi}
\end{array}
\qquad (4.15)
$$

例如，将方程（4.15-1）的输出变量从 b 变成 a，那么方程（4.15-1）和方程（4.15-3）都有相同变量 X_a，因此，方程（4.15-3）的输出变量必然变成 X_c，那么方程（4.15-2）的输出变量则变成 X_b，但是 b 已经被从方程（4.15-1）中移除了，因此新的输出变量集就可以表示为（4.15）的形式。

如果循环之中套有子循环，那么通过围绕一个循环重新标注输出变量来对每个循环进行变形的方式，叫做循环重新标注。比如：

$$
\begin{array}{cccc}
& a & b & c \\
1 & X_\varphi & \longleftarrow & X \\
& \downarrow 1a2 & & \uparrow \\
2 & X \longrightarrow & X_\varphi \longleftarrow & X \\
& & \downarrow 1a2 \quad \downarrow 2b3 \quad 3c2 \uparrow \quad \uparrow 3c1 & \\
3 & & X \longrightarrow & X_\varphi
\end{array}
\tag{4.16}
$$

其输出变量集合为（$1a2b3c$），有两个循环 $1a2b3c1$ 和 $2b3c2$，对其输出变量重新标注，其输出变量对应的循环也得到标注，被转化成其相反的形式，如下：

$$
\begin{array}{cccc}
& a & b & c \\
1 & X_\varphi & \longleftarrow & X \\
& 1a2 \downarrow & & \uparrow \\
2 & X \longrightarrow & X \longleftarrow & X_\varphi \\
& & 2b3 \downarrow 3b2 \quad 2c3 \uparrow \quad \uparrow 3c1 & \\
3 & & X_\varphi \longrightarrow & X
\end{array}
\tag{4.16}
$$

| 初始循环 |

| $2b3c2$ 的反循环 $2c3b2$ |

两个循环的的共同部分被取消，新循环变为：

$$
\begin{array}{cccc}
& a & b & c \\
1 & X_\varphi & \longleftarrow & X \\
& 1a2 \downarrow & & \\
2 & X \longrightarrow & X \longrightarrow & X_\varphi \\
& & X_\varphi & X
\end{array}
\tag{4.18}
$$

因此，循环变为如下形式，重新标准循环变成相反的方向。

$$
\begin{cases}
2b3c2 & 2c3b2 \\
1a2b3c1 & 1a2c1
\end{cases}
\tag{4.19}
$$

4.2.2　复杂情况下的数学模型求解案例（多次反馈）

1. 方程组转化为邻接矩阵

以上对实际工程中非常简单的三个任务之间可能存在的几种逻辑关系进行了数学建模及求解过程的推演。但对于城市综合体这样一个包含上百条决策任务，信息流十分复杂的工程当为一个整体来进行计划管控，其所有的计划任务之间的逻辑关系可能会非常的零乱（在几百个决策任务之间，可能存在前面1、2任务与最后几个任务互相关联，而接下来的3、4、5…等几个或者十几个任务却与其它任务不相关联，这样将导致整个计划看起来都是关联的了，从而整个城市综合体工程的全部计划就成了一个巨大的方程组，让计划管理者不知道应当从哪里入手开始"解题"。要想解决问题，就必须将方程组转化为矩阵的形式，进而求出相对应的邻接矩阵。在此基础上，尽可能将一个大型的矩阵（方程组）通过矩阵运算（解耦和撕裂）化成为小型矩阵块（方程组），也就是化大为小、化整为零，从而更容易实现方程组、矩阵的求解。即使无法求出确切的解，也能够缩小和突出重点管控范围，通过协同工作来吸收耦合任务之间的不确定性。

邻接矩阵表示不同任务之间的是否存在影响，通过解耦操作调整矩阵的行列顺序来调整任务执行的顺序，减少计划循环次数。通过撕裂处理计划过程中存在的迭代循环回路，安排计划决策协同流程来实现计划工作组群的紧密协作，并完成计划过程管理步骤。

为了说明矩阵解耦和撕裂的方法和意义，以更复杂的一个方程组为例。如下由12个方程组成的方程组（4.20）：

$$
\begin{cases}
f_1(X_f, X_g, X_i) = 0 \\
f_2(X_c, X_d, X_k) = 0 \\
f_3(X_b, X_h, X_j) = 0 \\
f_4(X_h) = 0 \\
f_5(X_d, X_e, X_k) = 0 \\
f_6(X_c, X_l) = 0 \\
f_7(X_a, X_h) = 0 \\
f_8(X_b, X_j) = 0 \\
f_9(X_e, X_f) = 0 \\
f_{10}(X_f, X_i, X_k) = 0 \\
f_{11}(X_a, X_d, X_g) = 0 \\
f_{12}(X_c, X_l) = 0
\end{cases}
\tag{4.20}
$$

转化为矩阵形式为：

	a	b	c	d	e	f	g	h	i	j	k	l
1						X	X		X			
2			X	X						X		
3		X						X		X		
4								X				
5				X	X						X	
6			X									X
7	X							X				
8		X					X					
9					X	X						
10						X			X		X	
11	X			X			X					
12			X									X

$$(4.21)$$

其对应的邻接矩阵如下：

	1	2	3	4	5	6	7	8	9	10	11	12
1										X	X	
2					X							X
3				X				X				
4												
5		X							X			
6											X	
7				X								
8			X									
9									X			
10	X				X							
11		X					X					
12						X						

$$(4.22)$$

2. 矩阵解耦和撕裂运算

互相迭代的任务集群使工程师无法找到一个较好的任务执行次序，这种执行次序在结构矩阵中展现为下三角形式的矩阵，即使不能找到这种下三角形式的矩阵，工程师们也希望寻找到在对角线上的最小的块状矩阵。这个寻找最优执行顺序的过程就是矩阵的解耦运算过程，对矩阵进行解耦运算的目标是通过对矩阵的行列进行变换的过程来实现任务执行顺序的排列。矩阵（4.21）在解耦之后的对应矩阵形式为：

$$
\begin{array}{c|ccccccccccccc}
 & h & a & l & c & i & d & k & e & f & g & j & b \\
\hline
4 & X & & & & & & & & & & & \\
7 & X & X & & & & & & & & & & \\
6 & & & X & X & & & & & & & & \\
12 & & & X & X & & & & & & & & \\
1 & & & & & X & & & X & X & & & \\
2 & & & & & X & & X & X & & & & \\
5 & & & & & & & X & X & X & & & \\
9 & & & & & & & & X & X & & & \\
10 & & & & & X & & X & & X & & & \\
11 & & X & & & & & X & & & X & & \\
3 & X & & & & & & & & & & X & X \\
8 & & & & & & & & & & & X & X \\
\end{array}
$$

（4.23）

相当于将方程组划分为小方程组集合形式，见图 4.5。

无论是解耦之后的块状矩阵形式还是划分过后的小方程组集合的形式，都是将一个大型的矩阵或者方程组经过排列任务最优执行顺序，减少计划任务之间的迭代循环次序，使循环迭代只涉及较少的任务，从而缩短广义计划的时间。但是对于解耦之后形成的较大型的矩阵块，如果直接进行管理还是比较困难的，那么就需要进一步进行撕裂操作。撕裂操作的目标是打破较大型的信息循环回路，将循环回路中的任务执行顺序重排，使之能够在团队或者计划人员的控制范围之内。撕裂操作实际上是需要人工"估计和猜测的"，此时就已经出现了决策的风险，因此要尽量的减少撕裂操作，在必须要估计和猜测的时候，需要将猜测和估计的内容记录下来，并随着计划发布一起发布，使得最初的猜测和估计能够得到跟踪和管理，从而实现计划过程中的风险可控。

方程组解耦之后，接着考虑将方程组解耦之后形成的块（如图 4.5 所示）进行撕裂，使其能够进一步解耦。现在我们先考虑撕裂最大的块，且最大的一个块是由方程 1、2、5、9、10、11 组成的方程组，首先从此块开始考虑撕裂问题。从邻接矩阵（4.24）中抽出代表方程 1、2、5、9、10、11 的行和列。

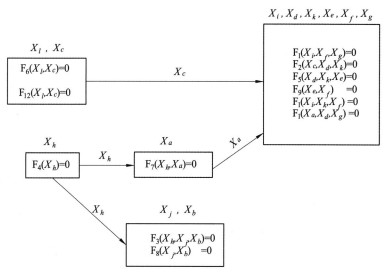

图 4.5　方程组撕裂成小方程组

$$
\begin{array}{c|cccccc}
 & 1 & 2 & 5 & 9 & 10 & 11 \\
\hline
1 & & & & & X & X \\
2 & & & X & & & \\
5 & & X & & X & & \\
9 & & & & & X & \\
10 & X & & X & & & \\
11 & & X & & & & \\
\end{array}
\tag{4.24}
$$

首先确定块中的循环回路，可以从任何一行开始，沿着前一个任务找到所有可能的路径直到再次遇见此行，此时就形成一个循环。通过这种方式，上述块矩阵内的循环为（A：1，10），（B：5，2），（C：10，5，9），（D：1，11，2，5，9，10），如图 4.6 所示。

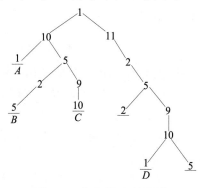

图 4.6　定义块中的环路

一个循环中的所有任务都在一个块中，如果在两个块中有一个共同的任务中，则两个块合并成一个块。为了获得范围更小一点的块，就必须通过移除变量（猜测或估计变量）来打破循环，减少任务之间的联系。移除（撕裂）任何一个非输出变量的元素，就可以打破所有与之相关的循环。

矩阵（4.25）中的行代表上述 A、B、C、D 循环，列代表方程（任务），X 表示每一行中出现的方程。

	1	2	5	9	10	11
A	X				X	
B		X	X			
C			X	X	X	
D	X	X	X	X	X	X

（4.25）

用一个编号代替矩阵（4.25）中的矩阵中的第 i 行，第 j 列的 X（方程 j 出现在循环 i 中），这个编号是循环 j 之后的方程编号，见矩阵（4.26），这种表达清楚的表明了结构矩阵的元素之间的关系。

	1	2	5	9	10	11
A	10				1	
B		5	2			
C			9	10	5	
D	11	5	9	10	1	2

（4.26）

现在对图 4.6 找出其同一列中出现同一个数字两次的列，这表明结构矩阵中的同一元素的撕裂能够打破这个数字出现的循环，如列 2 中出现 5 两次，表明撕裂结构矩阵的元素变量 $2k$（方程 2 的输出变量）能够打破循环 D 和 B。同理，列 5 中有两个 9 和列 9 中有两个 10，表明撕裂变量 $5e$ 和 $9f$ 都能打破循环 C 和 D，留下 A 和 B 而循环 A 和 B 之间没有共同的方程，因此是各自独立的，撕裂 $5e$ 和 $9f$ 将会留下 2 个块，每个块 2 个方程，如矩阵（4.27）所示。

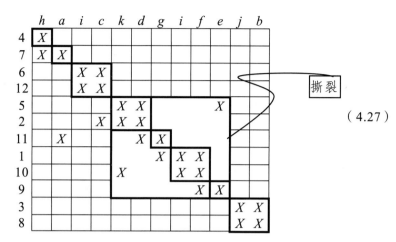

（4.27）

示意如下图 4.7 所示：

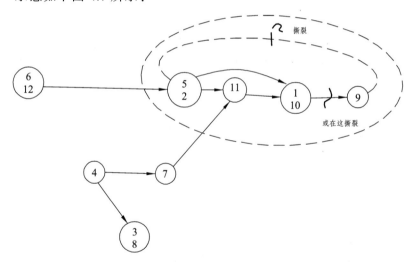

图 4.7 撕裂矩阵块

　　从以上矩阵解耦和撕裂的过程中可以看出，首先将矩阵（4.14）进行解耦操作之后，可以发现结构矩阵中任务的执行顺序发生了变化，首先执行任务 4，接着执行任务 7，而任务 6 和 12 因为相互影响，放在一起，任务 5、2、11、1、10、9 组成了最大的一个块，块内任务相互影响，因此也形成一个块，放在一起，接着是任务 3 和 8 相互影响，形成一个小块，放在最后。因此解耦之后，可以发现原来一个大的矩阵化成了三个尺度不一的小矩阵块和两个可以独立求解的方程。说明通过解耦优化了任务的执行顺序，并且确定了哪些任务相互联系（块），哪些任务可以独立决策。如果形成的块还是比较大，不在计划工程师的掌控范围内，就接着找出解耦形成的最大的块，进行撕裂操作（实践中，撕裂操作就是对必要的信息进行估计和猜测，因此是有风险的，需要对猜测和估计进行记录，并且等信息出现时候进行反馈校正），降低块的涉及范围。比如，对于矩阵（4.27）中形成的最大的块是由任务 5、2、11、1、10、9组成的块，对于这样范围的块，计划工程师觉得仍然难管理，就将其撕裂，移除（假设）5e，则这个较大的循块就转化为含有 5、2 和 1、10两个小块，及独立决策任务 11 和 9 的形式了。而对于这种小规模任务耦合，管理和协同都是相对比较容易的，因此没有必要进一步撕裂了。因此从以上的过程可以看出，通过结构矩阵的运算，可以找出计划决策任务的最优执行顺序，而且可以形成重点管控范围（块），确定协同的内容、协同的对象、协同范围等。因而可以提高实践中的协同性，为不同学科和工种之间的协同提供依据（实际也是现场举行会议的依据）。同时明确必要的猜测和估计，及其影响范围，并以进行跟踪和记录，随着工程的进行，信息逐渐完善和准确，需要把这些最新出现的信息与以前决策所依据的那些猜测与估计进行一一核对及修正，并进而对原始的决策以及该决策所引起的"骨牌效应"进行全面的评估与修正，进而保证计划的动态"进化"与持续完善。

3. 矩阵撕裂方法

实际中，撕裂块的方法就是从结构矩阵中移除一个元素从而打破大的块结构而形成小的块结构。撕裂矩阵的基本方法是基于任务之间的联系强弱，这是建立在分析各种依赖关系的基础上，以对角线上方的反馈数量最少和依赖强度最弱为目标。其实现的方法是：在结构矩阵进行撕裂分析时，计划决策者对于每种可行解作出决策之前，应考虑各个任务的依赖强度，不同的回答，将得到不同的任务次序及解耦结果。

为了更全面地表达任务间的信息依赖关系及其依赖程度，可以用两个定量的指标——任务的敏感度和可变度来度量依赖强度。

定义 1：敏感度是指下游设计任务对上游设计任务变化的敏感程度。如果任务的敏感性很强，上游任务输出的微小变化将对该任务的结果引起巨大的变化（游任务的大返工）；反之，要使依赖任务发生变化，上游任务一定要发生巨大的变化才能实现，表现为低敏感度。

定义 2：可变度是指上游设计任务的可变度，即上游设计任务对下游设计任务可能诱发变化的程度。它用于刻画一个下游任务对它的上游任务的输出的敏感度。可变性是指一个估计值的变化区间，如果下游任务的工作团队不能对上游任务的输出得出一个估计值或估计范围，那么上游任务表现为具有较高的可变性；反之若下游任务的工作团队能够对上游任务的输出进行较好的估计，则上游任务表现为较低的可变性，称上游任务具有低的可变度。

可把上述这两个度量值的乘积转化为一个依赖值在矩阵中使用。这两个属性，我们可以用一组离散值来衡量，也可以从这两个角度对任务之间的依赖程度进行分析，用定性的方法来表示。本研究中将任务之间的依赖强弱分为三个等级：A 表示重要，B 表示一般，C 表示不重要。对它的指定依赖于计划专家。

矩阵的撕裂方法类似于对一个不可事前得到，但又是必需的信息参数作出估计的过程。为了对所作估计进行验证，多次迭代是难以避免的。如何尽量减少这种迭代过程的次数和大小，即提高撕裂计划的有效性，主要取决于两方面：① 用于表征任务间信息依赖关系指标的完备性；② 所使用的撕裂准则的完备性。

如何撕裂循环块，并无确定的方法，但是如何判断撕裂效果的好坏有一些基本的原则：

（1）撕裂数量最小化：由于撕裂意味着对任务进行近似或对参数进行假设，所以工程师应尽量减少这种假设的存在。

（2）对于循环任务中的循环任务（如块中块的情形），由于外部任务的迭代对内部任务都会产生影响，从而产生更多的迭代。因此，应尽量减少或削弱外部迭代强度，可以明显减少计划时间。

（3）当循环块沿对角线聚集程度较高时，由于它们涉及较少的任务，故应尽量减少对这种循环块的撕裂。

建设工程实践中，可利用的撕裂矩阵的方法主要有以下两种：

（1）人工撕裂并跟踪管理实现计划的动态进化。

在实际工程中，一方面由于决策顺序的不正确，而导致了大量的"自产式"不确定性，从而影响了决策质量。另一方面，也存在决策所需要的信息在决策之时确实还未出现的情况，此时就需要在信息不全或者信息缺失的环境下根据经验来猜测与估计进行决策。根据交互任务的依赖强度来进行选择性的猜测和估计，对依赖程度比较弱的交互任务进行猜测和估计导致的风险也比较小。随着工程的进行，信息逐渐完善和准确，这些最新出现的信息应当被及时的跟踪与管理，同时需要把这些最新出现的信息与以前决策所依据的那些猜测与估计进行一一核对及修正，进而对原始的决策以及该决策所引起的"骨牌效应"进行全面的评估与修正，保证计划的动态"进化"与持续完善。

（2）通过团队协同管理来改善计划。

若两个交互任务中的依赖强度较强，那么在撕裂过程中，撕裂计划任务将产生很大的风险，可通过并行工程和多功能团队，通过减少下游任务的反馈出现的可能性和严重性来削弱这种依赖。这种团队工作的目的是在上游活动中考虑下游任务，强调计划过程的系统性，对各项计划活动以全局的观点来管理，强调计划过程的快速"短"反馈，并使产生的反馈立即完成。成功的多功能团队由涉及同一个迭代任务（块）的执行者组成，其结果表现在：一方面由于上游任务工程师与下游任务工程师的密切接触，使得上游任务的可变性降低；另一方面，由于在多功能团队中反馈实现瞬间性，使下游任务具有较低的敏感性。

5 广义计划过程模型创建

5.1 现有的计划过程模型

从 20 世纪 90 年代起，出现了许多计划模型，从宏观到微观都有，体现了人们对计划过程的理解历程。

目前应用最多的是美国项目管理委员会（Project Management Institution）所创建的项目总计划过程模型，如图 5.1 所示，但是计划过程本身的具体特征并没有在模型中体现，因此该总项目计划过程模型并没有反映实际计划过程。同时，学业对 PMI 中的计划方法也存在不少争论，比如 Andersen 就认为 PMI 未能区分项目不同阶段的过程特点，而是创建了统一的过程模拟，但实事表明项目早期阶段的计划通常具有较高的不确定性。根据以上认为，Andersen 创建了两个通用计划模型：一个是以计划任务为基础的模型，用作决策，致力于解决项目执行的方法和方式；一个里程碑式的计划模型，用作策划，致力于解决项目需要做什么。前一种模型需要在项目开始之前找出项目所包含的所有活动，并定义出他们之间的关系（逻辑顺序），而后者定义的是项目产生的最终结果，和为了取得最终结果的中间过程，Andersen 抓住了建设项目计划过程的一些特征，提供了一种有效的计划方法。但是，不论是计划的迭代特征还是计划的信息流动特性都没有在他的模型中得以体现。

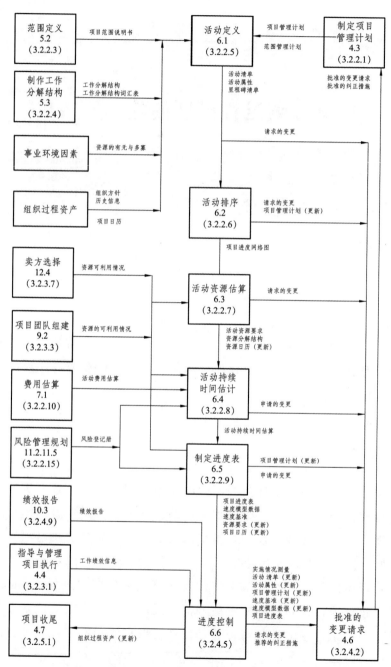

图 5.1 项目计划过程（PMI）

　　Riley 则关注现场场地的可利用性和任务的可执行性之间的关系，并应用 IDEF0 模型技术创建了一个通用的场地计划过程模型，见图 5.2。该通用模型在业界内得到了广泛认可，并对计划过程模拟领域的其他后续研究提供了较好的基础。比如，Akinci 在处理时间空间冲突时就直接使用了该通用模型，而 Hessom 在创建建筑现场场地计划分析系统时也引用了该通用模型。但是，Riley 的模型仅仅关注那些和场地计划相关的任务，而其他的计划任务，比如施工方法的选择与确定，采购物流计划等都没有包括在该模型之内。

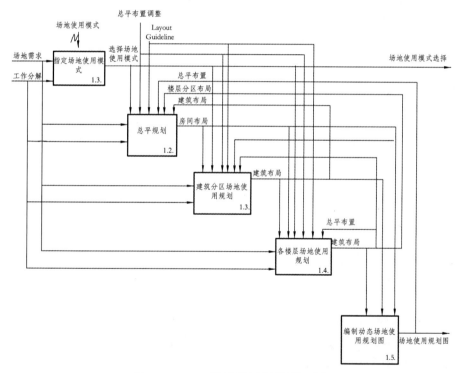

图 5.2　Riley 的计划过程模型示例

　　Gidado 对投标前计划过程的层次进行了划分，并通过模拟计划过程中的个人角色、活动内容以及系统水平等，创建了一个投标前的计划模型。但是，在该模型中信息流和计划的迭代特性并没有得到体现。Gibson 则通过定义项目前计划过程及相应的子过程，分析计划子过程之间的内部关系，最终采用了 IDEF0 模拟技术创建了一个项目前计划过程模型，见图 5.3。该模型在一定程度上反映了项目前计划的实际过程，也包括计划任务与信息流，但是他关注的只是项目前计划过程，并未涉及建造前期计划。

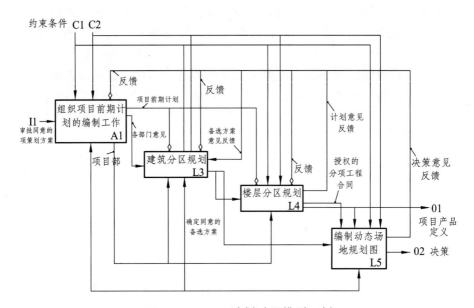

图 5.3　Gibson 计划过程模型示例

Weerasekera 使用数据流程图模拟技术创建了一种简单的通用计划过程模型，虽然该模型体现了一些计划任务、信息流以及任务之间的逻辑关系，但是该计划过程模型较宏观不够具体。比如，在该模型中施工方法、场地计划以及临建临设方案编制等被认为是一个计划任务，与实际工程做法相关较大。Illingworth 则对建造前期计划中的现场踏勘进行了过程模拟，并建立了包含 9 类共 27 种现场踏勘任务的通用过程模型。虽然该通用模型没有体现出任务之间的信息流也未能模拟任务内部之间的关系。但该通用模型为现场踏勘的分层提供了基础数据。最近，Menches 使用数据流程图模拟技术创建了一个电气工程类建造前期计划过程通用模型，任务之间的信息流以及任务之间的内部关系都没有在该模型中得到展现。

　　总的说来，PMBOK 的通用计划模型不是针对建造工程的，不能代表建筑类项目的相关计划过程，Gibson 的模型仅仅是项目前计划过程的模型，而其他的模型不是因为太宏观而不能支持计划过程管理，就是因为仅模拟了部分计划子过程且均未在模型中体现出计划任务和信息流的关系。因此，目前还缺乏一个通用的建造前期计划过程模型来支持做好及管理建造前期计划。

5.2 模拟技术的选择

在创建通过建造前期计划过程之前，首先得选择确定一个合适的模拟技术。

5.2.1 建造前期计划过程的模拟要求

本论文的 4 讨论了建造前期计划过程的特性，指出了建造前期计划是一系列迭代特征明显的复杂协同决策过程。因此一个合适的模拟技术应该能处理这些特性，比如迭代性和复杂性。另一方面，对于模型本身也还有一些要求，比如易读、易理解、易用、层次化，此外还需要突出信息流动的重要性以及方便交流等特殊要求。因此，建造前期计划过程的模拟要求汇总如下：

（1）易读。

（2）能够模拟迭代过程。

（3）能突出信息流。

（4）易构成且方便交流。

（5）能够即获得高层宏观理解又能获得低层微观详细要求的解读。

（6）能够从上到下的分析。

5.2.2 模拟技术的回顾

通过文献回顾和分析，目前常用的过程模拟技术主要有以下几种：流程图技术，数据流程图技术，IDEF0 技术，分层和输入-过程-输出技术，杰克森图技术，实体关系图（ERs）技术和神经网络（PNs）技术。

（1）流程图技术。

流程图技术通过图形符号来描述过程步骤的本性和流程，见图 5.4，应用这种技术，建造过程中的活动可以用一系列的内部连接点来表示，而箭头则表示活动之间的逻辑顺序。但是流程图技术不是一个分层的模拟技术，它很难反映分层结构，因此不能清晰的表示出过程中的信息流动情况。

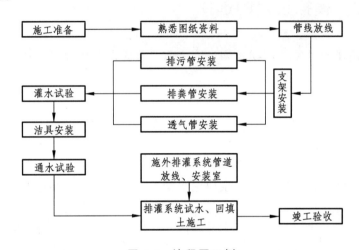

图 5.4　流程图示例

（2）数据流程图（DFD）。

数据流程图是一种可以描述外部实体，内部过程和数据存储元素之间的数据流动的图形技术。它能满足有关层次化建模及方便交流的需要，也能展示循环迭代特性，突出信息流动的重要性。文献资料显示，数据流程图多用于描述过程的迭代特性，比如 Kim and Ibbs 用它创建了一个石化厂管道的施工过程模型，Austin and Baizhang Li 等人用它模拟了建筑方案设计过程，Weerasekera 用它模拟施工计划过程。

（3）IDEF0 技术。

IDEF0 技术是一种建立在图形和文字联合的、可支持系统设计和整合活动的模拟技术。它不仅能满足有关层次化建模的需要，也能突出信息流动的重要性，更重要的是，该技术考虑了循环迭代特性以及方便交流的模拟需要求。文献资料显示，IDEF0 技术应用广泛，且多用于描述过程的迭代特性，比如 Ross and Schoman 用它创建了投标前的设计过程模型。Austin and B.Li 等人用它模拟了建筑施工图设计过程。

（4）分级和输入-过程-输出技术（HIPO）。

该技术涉及使用一系列图表来描述活动的输入输出以及系统的功能，其通常包括有三类图表：内容表，高层 HIPO 图表以及低层 HIPO 图标。HIPO 技术不仅能够表示过程和分层关系，而且能够阐述每个系统的过程输入与输出，但是它很难突出信息流动的特性。

（5）杰克森图及实体关系图。

杰克森图是 20 世纪 70 年代由迈克尔杰克森提出的。它是一种用树形网络模拟系统组成的设计和分析方法，他们可以描述活动的顺序，活动的决策过程以及活动的重复行为等。但是，它很难突出信息流动的特性。

实体关系图技术（Ers）则是用图形来代表数据和数据之间的关系的一种模拟技术。然而该技术描述的都是实体行为，不能表现信息流动。因此 ERs 方法并不适合用来模拟建造前期计划过程。

（6）神经网络技术。

神经网络技术（Petri nets（PNs））是一种正式的图形模型。该技术不仅能描述和分析系统异步的或同步的特性，还能表示系统中的信息流动和控制，见图 5.5 和表 5.1，但是该技术不能满足有关层次化建模的需要。

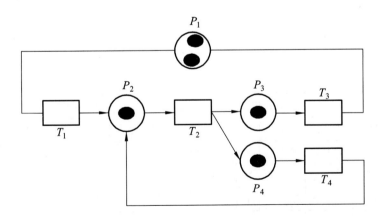

图 5.5　神经网络图的示例

表 5.1　PNs 节点图

名称	符号	描述
转变	□	变化系统状态的动作或行为
状态	○	表示一种状态
象征	●	为实现转变而需要的资源
倾斜	→	为某一转变过程指示资源配置倾斜方向

5.2.3　模拟技术的评估

通过对以上多种过程模拟技术的回顾与分析后发现，每种技术都有自己的优点。考虑到本研究的模拟对象是建筑前期计划过程，因此笔者试图通过现有的过程模拟技术的对比研究找到一种最适合描述建筑前期计划过程的模模拟技术，见表 5.2。

表 5.2　模拟技术的对比

模拟技术	模拟内容											模型特点					
	过程活动	活动的输入输出	活动焦色变形	结构变形	显示实体关系	层次分解	表现信息转换	表现信息存储媒介	表现信息存储定位	表现交流媒介	表现设计信息形式	帮助整理思考	辅助计算机操作	可读	提供基本通讯	易绘制	节点一致
流程图	Y	Y	Y	Y	Y	N	N	N	N	N	N	Y	Y	Y	Y	Y	Y
DFD	Y	Y	Y	Y	Y	Y	Y	Y	Y	Y	Y	Y	Y	Y	Y	Y	Y
ERs	Y	Y	Y	Y	Y	Y	Y	Y	Y	Y	Y	Y	Y	Y	Y	Y	Y
IDEF0	Y	Y	Y	Y	Y	Y	Y	Y	Y	N	Y	Y	Y	Y	Y	Y	Y
HIPO	Y	Y	Y	Y	Y	Y	Y	Y	Y	Y	Y	Y	Y	Y	Y	Y	Y
神经网络	Y	Y	Y	Y	Y	Y	N	N	N	N	N	Y	Y	Y	Y	Y	Y
Jackson	Y	Y	Y	Y	Y	Y	N	N	N	N	N	Y	Y	Y	Y	Y	Y

通过表 5.2 的对比发现，流程图技术和 PNs 网络技术不能支持层次化建模需要，而该点恰好是是建造前期计划过程模拟的重要条件之一。因此，流程图技术和 PNs 网络技术不适用。而 Ers 技术与杰克森图技术不能清楚地描述任务之间信息流，HIPO 技术虽然能追踪过程中的数据流动，但同样不能支持层次化建模需要。而 DFD 技术和 IDEF0 技术这两种模拟方法均符合建造前期计划过程的建模需求。文献回顾表明，这两种技术都曾经被成功地应用于计划过程模拟。通过与现场计划工程师的访谈，发现现场工程师更喜欢使用 IDEF0 技术，而不是 DFD 技术，Yang 在 2006 年的研究中也证实了这一点，即大部分的现场技术人员认为 IDEF0 技术建立的模型更容易理解和阅读，因此 IDEF0 技术被本研究选为建模的方法，但是它也具有一定的缺陷。因此有必要对 IDEF0 技术进行适应性修改，详见本论文的 5.2.4 节。

5.2.4　IDEF0p：对 IDEF0 的修改

虽然 IDEF0 技术适合模拟建造前期计划过程，但是它也具有一定的缺陷，即很难知道一些信息从哪里来，因此有必要对 IDEF0 技术进行适应性修改。工程实践中，计划工程师经常不知道需要收集哪些信息、如何收集，从哪里收集。因此，本研究从信息的来源模拟着手，对 IDEF0 进行修改，形成 IDEF0p，如图 5.6 所示，其中：

（1）项目部内部信息输入从左边；

（2）业主、设计公司、相关政府部门与协会方面的输入从顶部；

（3）分包及供应商的信息输入从底部。

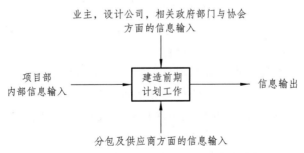

图 5.6　IDEF0 技术的修改版 ——IDEF0p 技术

5.3 建造前期计划过程模型的建立过程阐述

建造前期计划过程模型的创建可以分为两个阶段：① 需要确定建筑前期过程中的所有计划任务，并进行归纳分层；② 需要确定建造前期计划过程中的底层单个任务的信息要求，并对各条信息流进行分类。

5.3.1 建造前期计划的层级分解

建造前期计划过程模型是由一系列子过程模型组成的，包括了现场勘测、合约分判规划与界面划分、施工组织设计编制、施工计划编制、材料机械的运输搬运贮存计划、计划评估及协调、质量安全环境保护计划以及计划文件发布等子过程模型，见图5.7。

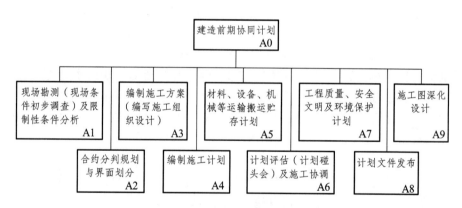

图 5.7　建造前期计划任务最高层次

如图 5.7 所示，子过程 A8-"计划文件发布"是一个管理行为。访谈结论显示该子过程的大部分管理任务比如计划团队指定、计划信息的分配和计划历史资料的收集等与项目的类型、项目的承包形式以及甲方的管理要求密切相关。而且这些任务相关的决策均是在项目投标阶段就基本确定了，因此在广泛听取相关访谈计划工程师与项目经理们的意见后，笔者确定该子过程仅考虑最高层次，不再进行层次分解，以保证建造前期计划过程的简洁与实用性。

子过程 A9-"施工图深化设计"与项目的合约模式密切相关。在目前流行的设计-建造模式下，建造前期计划已经涵盖了该子过程，然而在传统的设计-投标-施工模式下，建造前期计划是不包括该子过程的。考虑到建造前期计划过程模型的通用性及简洁性，该子过程也仅考虑最高层次的计划子过程。

5.3.2 计划任务信息要求的决策

一旦确定好了建筑前期计划过程中的所有计划任务以及层级分解之后，下一步就需要确定建造前期计划过程中的底层单个任务的信息要求，并依据 IDEF0p 模拟技术进行建造前期计划过程模型的创建工作，并最终形成建造前期计划任务信息依赖表，部分示例见表 5.3。

表 5.3 计划任务信息收集需求表

建造前期计划任务			信息需求		
序号	名称	可交付成果	名称	类型	来源
A.1.1.1	对合同中风险高的条款进行识别与分析	风险列项清单			
			本项目的相关文件资料，如合同文件，设计图纸和相关设计文件资料以及规范等	客户/设计者	A.1.1.2
			企业的知识库，企业类似项目数据及历史资料和记录	合同	A.1.1.3
			个人的知识和经验	合同	A.1.1.4
			设计图纸和相关设计文件资料	设计者	B.2
			现场踏勘报告	客户	B.3
			会议纪要	合同	B.4
			工料规范	客户	B.5
			建设方的其他要求	客户	A.1.1.8
			合同文本	客户	B.1

5.3.3　决定大致的计划信息分类

本论文4的调研结果表明，建造前期计划任务之间存在信息联系，一些是弱联系，一些是强联系。本文依据：① 计划任务对信息的敏感度；② 计划任务对信息的依赖强度；③ 信息估计的容易程度，如图 5.8 所示，对计划信息进行了分类，并最终形成了具有信息分类特征的通建造前期计划任务信息依赖表，部分示例见表5.4。

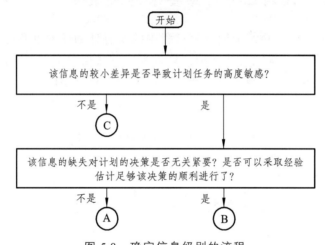

图 5.8　确定信息级别的流程

表 5.4　确定信息需求等级示例

建造前期计划任务			信息需求			
序号	名称	可交付成果	名称	类型	来源	等级
A.1.1.1	对合同中风险高的条款进行识别与分析	风险列项清单				
			本项目的相关文件资料，如合同文件，设计图纸和相关设计文件资料以及规范等	客户/设计者	A.1.1.2	A
			企业的知识库，企业类似项目数据及历史资料和记录	合同	A.1.1.3	C

建造前期计划任务			信息需求			
			个人的知识和经验	合同	A.1.1.4	A
			设计图纸和相关设计文件资料	设计者	B.2	A
			现场踏勘报告	客户	B.3	B
			会议纪要	合同	B.4	B
			工料规范	客户	B.5	A
			建设方的其他要求（例如品牌特殊工艺要求等）	客户	A.1.1.8	A
			合同文本	客户	B.1	A

5.3.4　建造前期计划过程通用模型

　　一旦建造前期计划任务信息依赖表创建之后，下一步就是采用IDEF0p 模拟技术结合建造前期计划任务信息依赖表与建造前期计划的层级分散图，创建建造前期计划过程通用模型。通过与现场计划工程师及项目经理们的讨论，确定了建造前期计划过程通用模型的二种显示形式：表格形式及过程模型图形式。表 5.5 是建造前期计划过程通用模型的表格形式示例，而过程模型图采用 Microsoft Visio 2003 绘制图，其包含的信息与表格形式的建造前期计划过程通用模型所包含的信息完全一致，如图 5.9 所示。笔者通过对这两种通用模型的易读性的调研（分别使用了这两种形式的模型与现场计划工程师及项目经理们进行交流）发现现场工程师及项目经理们更偏向于表格形式，他们指出：相比较过程模型图，表格形式的通用过程模型更简洁易读。因此，本研究确定了以表格形式显示建造前期计划过程通用模型，并形成了一套完整的建造前期计划过程通用模型。

表 5.5　建造前期计划过程通用模型示例

建造前期计划任务			信息需求			
序号	名称	可交付成果	名称	类型	来源	等级
A	建造前期协同计划					
A.1	初步调查及限制性条件分析论					
A.1.1	初步调查					
A.1.1.1	对合同中风险高的条款进行识别与分析	风险列项清单				
			本项目的相关文件资料，如合同文件，设计图纸和相关设计文件资料以及规范等	客户/设计者	A.1.1.2	A
			企业的知识库，企业类似项目数据及历史资料和记录	合同	A.1.1.3	C
			个人的知识和经验	合同	A.1.1.4	A
			设计图纸和相关设计文件资料	设计者	B.2	A
			现场踏勘报告	客户	B.3	B
			会议纪要	合同	B.4	B
			工料规范	客户	B.5	A
			建设方的其他要求（例如品牌特殊工艺要求等）	客户	A.1.1.8	A
			合同文本	客户	B.1	A

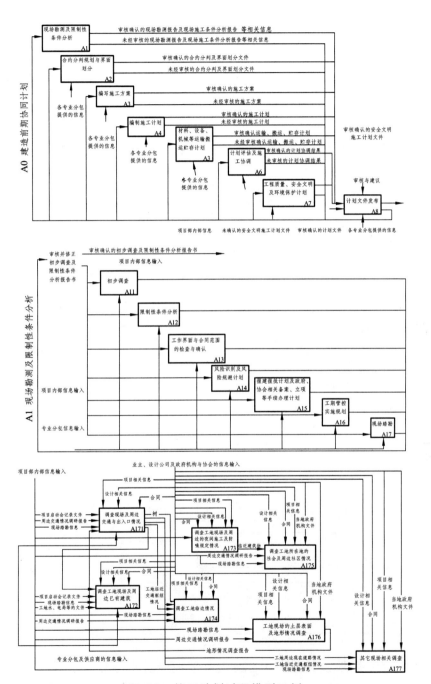

图 5.9 施工计划过程模型示例

5.4 详细的计划过程模型结构

针对目前实践和建造前计划相关的问题的调研发现建造前计划过程并没有被充分理解且管理不善。同时，现有计划不够详细，不能够对整个计划过程获得一个清晰的认识，也不能代表计划过程本身，也不能支持建造前计划的管理。因此提出了应用 ADePT 方法和技术来管理建造前计划过程，为了达到这个目标，就必须开发建造前计划过程的详细模型。这个模型为接下来的 DSM 矩阵优化分析提供了初始数据，从而使得建造前计划能够在产生的信息的基础上得到有效管理。

子任务模块的细节和信息流的使用在第 6 章中进行描述。以下各节描述的子任务模块的细节。应该指出，由于其具有商业价值，这些子任务务相关的信息流不列入这一论文当中。

5.4.1 初步调查及限制性条件分析过程模型

初步调查和约束因素分析模型中包含了一系列的子流程范围，从设计审查，现场勘查和约束因素分析过程到风险分析和管理过程。这种模式有利于计划策略并为建造前的计划团队成员开始计划建设项目提供简要的指导，初步调查和约束因素的分析任务的层次结构（A 1.1）如图 5.10 所示，建造现场调查任务的层次结构（A 1.7）如图 5.11 所示。

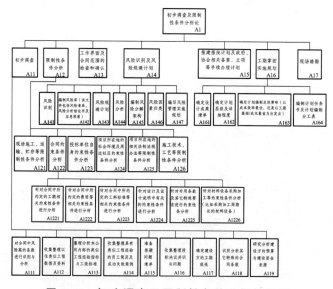

图 5.10　初步调查及限制性条件分析任务层

这些计划的任务是更关注信息的收集和分析，这是明显不同的建造方法计划任务，后者更关心决策制定（第 5.5.3 节中提出了施工方法计划模型的详细描述）。第 5.8.1 章节部分详细介绍了初步调查和约束因素的分析过程模型。

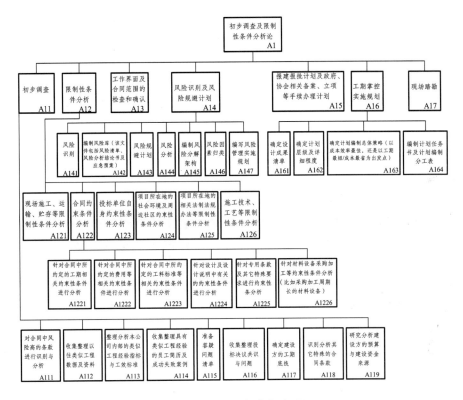

图 5.11　现场勘查任务层

5.4.2　合约分判及界面划分过程模型

计划的范围和工作包控制模型包括确保该项目已经包含了所有的工作的过程，只有这项工作做好了，才能成功地完成项目。其层次结构如图 5.12 所示。

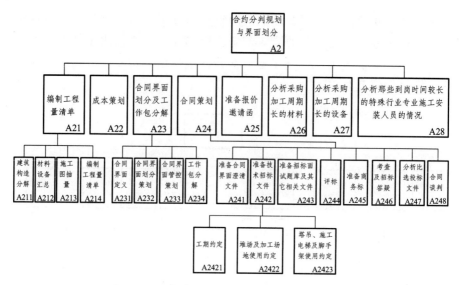

图 5.12　合约分包规划与界面划分任务层

范围规划和工作包控制模型主要涉及定义和控制什么，什么不包括在项目中，将该项目分解成工作包，并分包给不同的分包商。他们可能是客户或建筑师提名的，也可能是由主承包商根据采购类型选定的。计划任务范围内的计划和工作包控制模型，因此更关心决策过程，这是明显不同的初步调查和约束因素分析模型，后者更关心与信息收集和分析与决策。第 5.8.1 节详细地列出了范围计划和工作包控制模型。

5.4.3　施工方案编制过程模型

施工方法计划模型包括了一系列子过程，范围从确定工作包的方法和工作，主要资源的分配，现场的废物管理计划的开发，到准备现场工作人员的培训计划等，它管辖着项目活动的定义的开发，从而指导活动的持续时间，成本估算以及这些活动的逻辑顺序。这是估算和调度模型的非常重要的子过程。因此，适当的手段和方法的选择是在整体计划过程中的主要过程之一。层次结构是如图 5.13 所示。

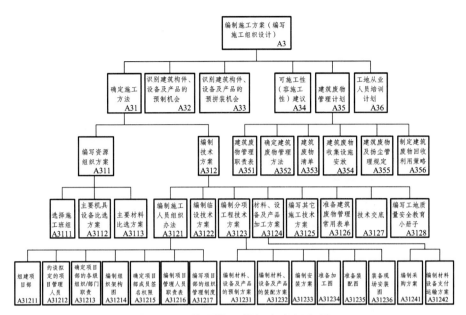

图 5.13　编写施工组织方案任务层

可以说，在施工方法计划模型中作出的决定对任何项目的成功执行和完成都是至关重要的。重要的是要加强在这些决策过程中的协同工作，让有关各方有机会去思考，去输入、讨论、修改设计或建议执行总体计划。也可以认为，计划模型的方法可以帮助计划小组的工作与其他项目的专业人士（如现场经理、现场物流工程和项目经理）提早发现问题，在执行任务前和其他成员合作，提高工程施工能力。

5.4.4　施工计划编制过程模型

估计和调度在过去 40 年的里是计划的主题，许多发展和计划领域的研究都是与估计和调度相关的。这种趋势可以从文献调研中看出，计划和调度经常同步使用。近年来，人们才逐渐认识到计划和调度之间的差异。

估计和调度模型包括估计和活动日程安排，空间调度和资源调度。这个模型包含项目活动的开发、活动的期限、成本估算和这些活动的逻辑顺序。计划任务包括信息收集和分析以及决策。层次结构如图 5.14 ~ 5.17 所示。

该过程模型同时具有明显的信息特征和迭代决策特征。

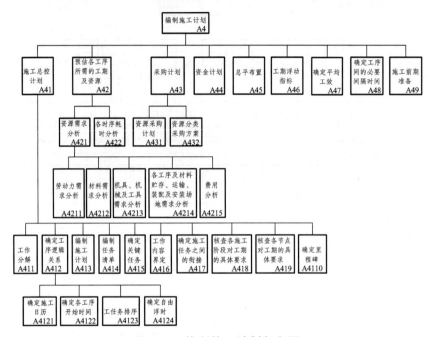

图 5.14　编制施工计划任务层

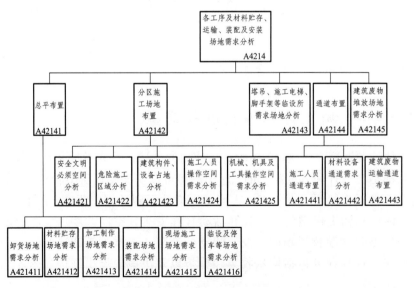

图 5.15　各工序及材料贮存、运输、装配及安装场地需求任务层

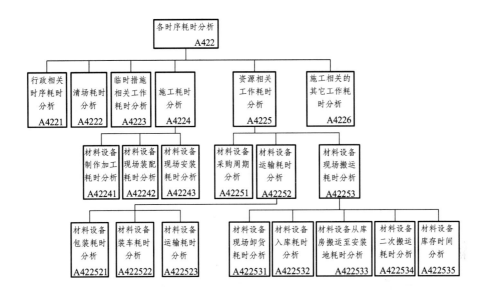

图 5.16 工序耗时分析任务层

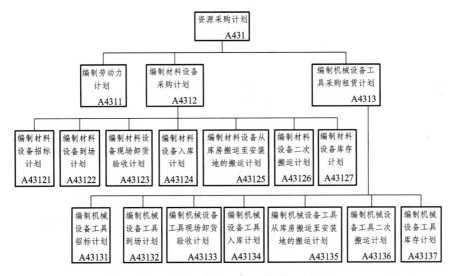

图 5.17 资源采购计划任务层

5.4.5 材料、设备、机械等运输搬运贮存计划编制过程模型

该过程模型包括了采购与供应运输类的相关计划任务，不仅涉及众多工地现场的决策，还涉及众多工地现场这外的策划与决策。模型的层次结构如图 5.18 所示。许多建筑业的前沿研究领域，如时间与空间的冲突问题、实时（JIT）资源交付问题、建筑废物管理问题都是该过程模型的内容。

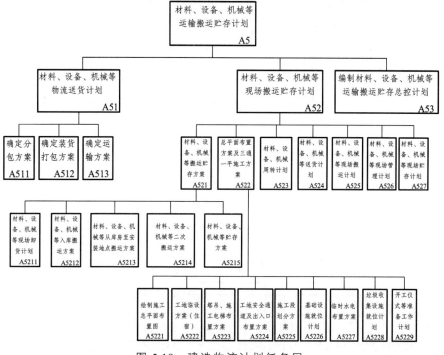

图 5.18　建造物流计划任务层

5.4.6 计划评估及协调过程模型

计划评估及协调过程模型包括易施工建议、可施工性审查、多方案对比分析以及计划协同子过程，其层次结构如图 5.19 所示。它是目前实际工程中做的最差的一块，也被长期被学界所忽视。事实上，通过这些

过程，不仅建造前期计划的成果能持续改进，而且向上能为设计提高意见，向下能顺畅现场施工工作。该过程模型同时具有明显的信息特征和迭代决策特征。

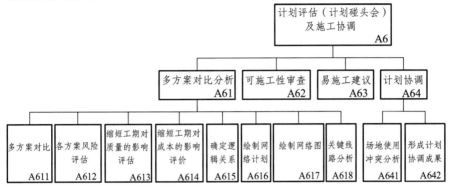

图 5.19　计划评估及施工协调任务层

5.4.7　工程质量、安全文明及环境保护计划编制过程模型

工程质量、安全文明及环境保护计划编制过程模型包括施工人员案例、劳保及福利保障计划，成品保护方案，质量保证方案，环境保护方案以及经验分享交流方案，层次结构如图5.20所示。该过程模型同时具有明显的信息收集与分析特征以及决策特征。

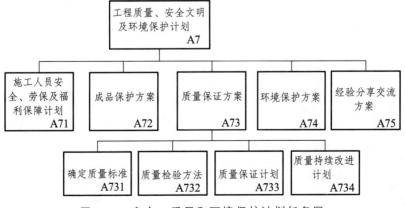

图 5.20　安全、质量和环境保护计划任务层

5.5 建造前期计划过程通用模型的校正

建造前期计划过程通用模型的校正主要通过邀请经验丰富的计划工程师们依次对模型进行通读与修正完成，其目的是确保该模型的构建逻辑正确，构建过程无误。表5.6、5.7显示了部分的计划过程模型的演变方式。

表5.6　模型校正前后的任务数量变化

	简洁化	更适当的归类	增加任务	删除任务	增加信息	删除信息	重复任务	更适合的表述
变化数量	12	25	51	19	52	63	1	5

表5.7　计划过程演变示范

序号	修改	调整	日期
1	"策略确定"变为"编制施工方案"	更恰当的表述	
3	增加"编制工地现场施工准备工作计划"	需要增加该计划工作	
...	……	……	
55	增加"风险管理计划"	需要增加该计划工作	
57	增加"确定计划输出成果的内容及形式"	需要增加该计划工作	
58	"编制清单"项归入"工作分解及编制清单"	简洁化	
...	……	……	
106	删除"微观空间计划"及其下级的工作结构	简洁化	
109	删除"废物管理活动的场地计划"	简洁化	
...	……	……	
111	针对"工地现场施工条件分析"增加"施工总平面布置图"这一信息需求	需要该信息	
116	从"工地现场施工条件分析"删除"个人经验"这一信息需求	需要该信息	
...	……	……	
173	针对"临建临设施工周期分析"增加"材料采购周期"这一信息需求	需要该信息	
174	针对"编制施工方案"增加"环境保护规定"这一信息需求	需要该信息	
...	……	……	

5.6 建造前期计划过程通用模型的验证

建造前期计划过程通用模型的验证主要通过三个在建工程的实际模型应用。其方法是邀请这三个工程中的现场计划工程师根据建造前期计划过程通用模型创建各工程的项目模型。项目模型的创建仍然分为两个阶段：① 根据具体项目特点，参照建造前期计划过程通用模型，通过删减增加相关建造前期计划任务，建立具体项目的建造前期计划任务清单及层级；② 根据确定了的计划任务清单及层级，对应检查信息依赖表，通过删减增加相关信息，建立具体项目的建造前期计划信息依赖表。表5.8 给出了通用模型（这三个项目使用相同的通用模型）的修订详情。

如表 5.8 所示，项目模型中未修改的任务数量占总任务数量的百分比分别为 87% 和 91%，充分验证了建造前期过程通用模型的通用性。而项目 C 因为还处于设计阶段，其项目模型仅需要系统级的计划模型，没有子任务被添加或删除，只是因为系统级的计划模型需要，大量底层的信息交流不需要在高层级的系统模型中出现，而进行了删除。

表 5.8 测试项目模型特点

项目	项目 A	项目 B	项目 C
增加的任务数	3	5	N/A
删除的任务数	20	29	N/A
未修改的任务数量占总任务数量的百分比（通用模型中任务数为221 个）	91%	87 %	N/A
增加的信息需求	19	9	0
删除的信息需求	123	235	2156
未修改的信息数量占总信息量的百分比（通用模型中信息需求总数为 3 612 个）	96%	93%	40%
信息流数量	3508	3386	1456

6 广义计划学在工程项目中的应用案例
——济南某新区建设项目甲

6.1 项目概况

济南某新区建设项目甲位于济南汉峪片区核心区，是筑巢引凤，促进高新区产业升级的济南市"城市东拓"关键战略型项目，是优化济南新城市格局的示范区，是尽快形成全市经济增长极，建设全国一流高新区的山东省、济南市重大工程项目。

项目甲总建筑面积 420 万 m^2，包括 44 座主楼（含超高层）及市政配套。地上总建筑面积约 300 万 m^2，地下总建筑面积约 120 万 m^2 且有环路连接，是特大复杂建设项目群，其规模大、建设周期短，不仅有超高层建筑和地标性超高层建设，还有特大型地下空间和地下环路的设计施工，具有难度高、工程管理复杂的特点。工程总控以动态协调广义计划为龙头围绕计划落地，统筹地块管理，实现各参建单位的协同作战。

6.2 工期管控的整体思路

本工程工期管控采用"计划管理前置"和"计划管理后置"相结合的思路。"计划管理前置"主要包括协同计划编制体系、计划协同汇报体系和计划扫雷排障体系；"计划管理后置"的主要体现则是 PDCA 循环（即"计划 – 执行 – 检查 – 纠偏"循环），如图 6.1。

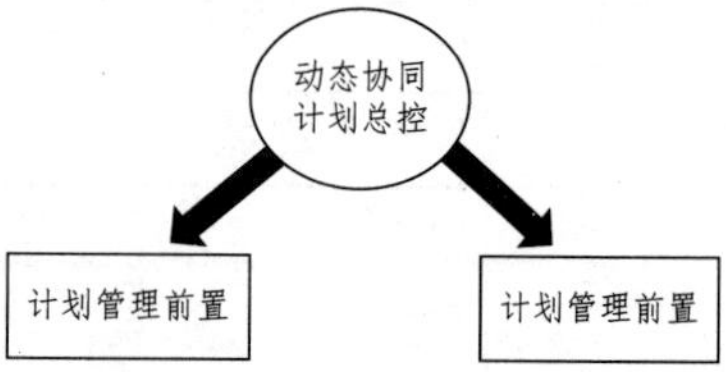

图 6.1 广义计划动态协同体系

　　"计划管理前置"的核心是动态协同。这是因为对大型项目群来说，工期管控的重点是对信息的管理，而信息管理的重点是对不确定因素的管理，其全生命周期内的不确定因素主要来自于过程的不确定性，以及需求的不确定性，由此产生的施工图变更或者由于施工图设计单位水平差异，进而导致的施工图质量问题而最终引起的工期等不确定性。这几方面的不确定性是工期管控的难点与重点，因此，对大型项目群的工期管控需要采用"计划管理前置"和"计划管理后置"相结合的方法，并以施工为触发点（启动点）协同、推动、帮助业主对以上三大不确定性的管控而减少施工过程中的外扰，实现进度管控工作。

　　"计划管理后置"的模式是计划下达、计划执行、跟踪检查和计划纠偏这四块的循环运作。首先是计划下达。其次是计划执行，包括工作任务的提醒、业务的执行、计划执行与汇报、多维度评价体系的执行等等。接着是跟踪检查，包括汇报制度、例会制度、周月进度分析报告、日周月报等。最后是计划纠偏，包括计划调整、约谈制度、奖惩制度等。

6.3　计划管控的原则

（1）严格谨慎，如履薄冰；
（2）计划做优，执行到位；
（3）考虑周全，视野宽广；
（4）动态协同，合力攻艰；
（5）扫雷排障，计划落地。

6.4　计划管控的主要措施

6.4.1　计划管理前置措施

　　"计划管理前置"的核心是动态协同，实现动态协同的基本保障是信息的准确与及时性，因为计划管理前置的具体手段有：
（1）计划方法、计划流程与制度、计划工具以及计划模板的统一；

（2）总平、总工序、总计划的协同统一；

（3）工作面移交法与扫雷排障法落地措施；

（4）计划安排与任务分配协同推动；

（5）会议决策与沟通协调共同推动。

归纳起来，计划管理前置主要包括：协同计划编制体系，计划协同汇报体系和计划扫雷排障体系。

6.4.2 协同计划编制体系

事先计划是龙头，需要以总进度计划为核心深度研究和分析影响工程进度的各种因素。通过深度化的综合平衡，运用多种软件编制工程总进度计划，确定工程的总工期，给出阶段性控制阶段工期。并以工程实际施工进程为主线，把所有指定专业分包施工进度计划都纳入到总控计划当中，建立各相关单位二级进度计划以及工程前期招标、设备采购、机电安装、园林绿化及竣工验收等专项工作计划及派生计划，从而形成计划的分级管理与分层负责的计划管控制度。协同计划编制体系如图 6.2 所示：

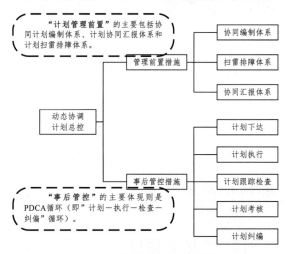

图 6.2 协同计划编制体系

协同计划编制体系具体编制流程如下：

（1）计划部结合本项目具体情况上报计划节点到指挥部办公室，指挥部办公室研究讨论后上报高新区建设指挥部（图 6.3）。

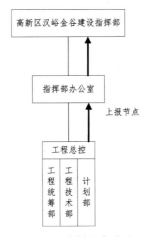

图 6.3 计划上报部门

（2）指挥部办公室下发节点至设计总控、指挥部办公室下设的各职能小组、控股部门及相关职能部门、现场项目部等部门（图 6.4）。

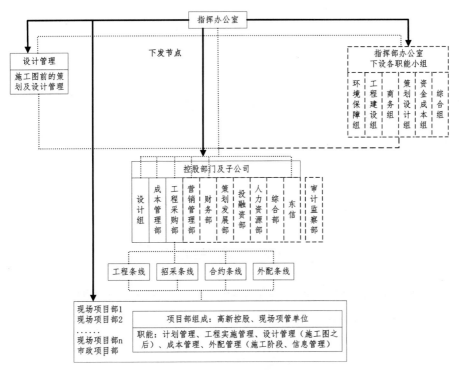

图 6.4 计划下发部门

（3）各部门根据节点向计划部提供专项计划，计划部根据专项计划制定一级计划，并上报至指挥部办公室讨论，讨论确定的一级计划上报指挥部（图 6.5）。

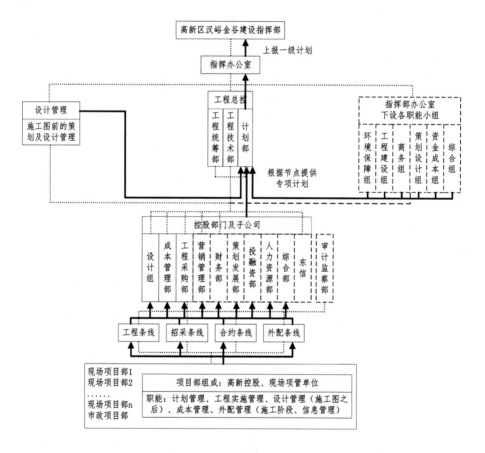

图 6.5　计划汇报流程

（4）指挥部确认后即可录入 ERP 系统；一级计划经 ERP 系统下发至各职能部门和现场项目部（图 6.6）。

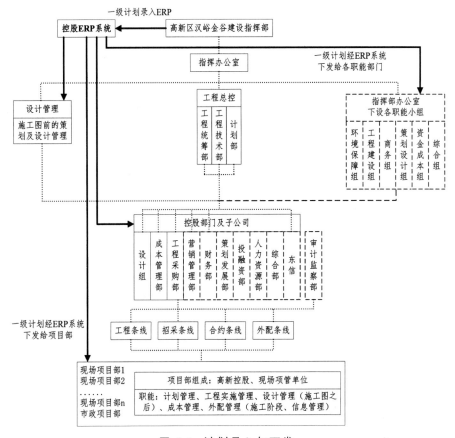

图 6.6　计划录入与下发

6.4.3　计划模板体系

1. 计划模板分级

计划模板可分三级：项目主项计划模板、专项计划模板和楼栋施工计划模板。项目主项计划模板对应生成项目主项计划（一级计划），项目主项计划可生成关键节点计划；专项计划模板对应生成专项计划（二级计划）；楼栋施工计划模板对于生成楼栋施工计划（三级计划），专项计划与项目主项计划、楼栋施工计划分别相互关联，所有计划整合即形成全景计划（图 6.7）。

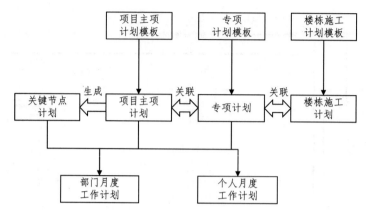

图 6.7　计划模板分级

2. 计划模板之标准工序（图 6.8）

	任务名称	责任主体	节点完成说明
1	土地拓展		
2	完成各专业报告编制		
3	《项目概念规划草案》编制完成	策划发展部	以《项目概念规划草案》通过评审为完成条件
4	《项目成本匡算报告》编制完成	成本管理部	以《项目成本匡算报告》通过评审为完成条件
5	《初步市场定位报告》编制完成	营销管理部	以策划书面成果并通过专家评审为完成条件
6	经济指标测算报告》（概念规划阶段）编制完成	财务部	以通过评审为完成条件
7	《地质条件调研报告》编制完成	设计组	以提交正式书面报告为完成条件
8	1、项目立项完成	营销管理部	以取得政府立项报告为完成条件
9	签订土地出让合同、支付地价款		
10	拆迁完成	策划发展部	以净地交付为完成条件
11	土地合同签订完成	策划发展部	以合同签订归档为完成条件
12	首期地价款支付完成	财务部	以首期款支付缴纳凭证为完成条件
13	付清地价款及全部税款（根据政策和谈判条件定）	财务部	以取得全部地价款及税款缴纳凭证为完成条件
14	取得建设用地规划许可证		
15	地块的地形图、规划定界报告等获取完成	策划发展部	以取得地块的地形图、规划定界报告并提交公司存档为完成条件
16	《环境影响评价报告书》评审完成	营销管理部	以通过政府审查为完成条件
17	2、取得《建设用地规划许可证》	策划发展部	以取得证件并提交公司存档为完成条件
18	取得国土使用批证		
19	四临址界审批完成	策划发展部	以通过政府审批为完成条件
20	3、取得《国有土地使用权证》	策划发展部	以取得《国有土地使用权证》并提交公司存档为完成条件
21	政府交地完成	策划发展部	以具备入场标准为完成条件
22	项目策划		
23	《项目策划书》		

图 6.8　计划模板的标准程序

3. 计划模板之标准工期

（1）标准工期的基础数据分析。

分析某综合体其他类似项目工期（图 6.9）：

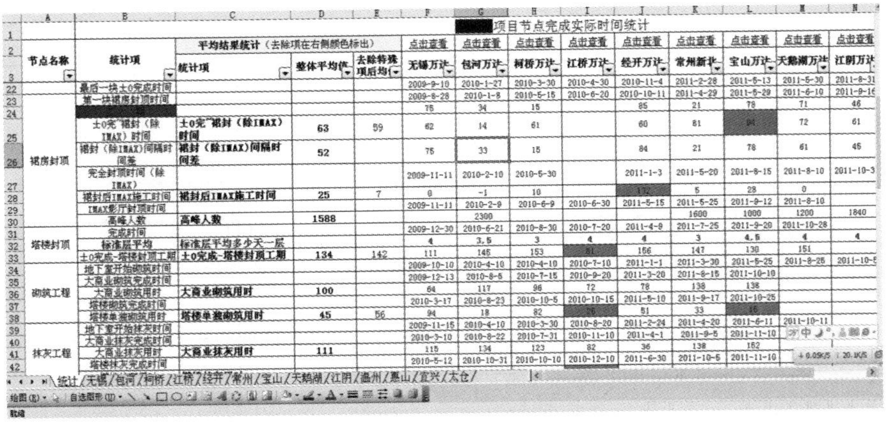

图 6.9 某综合体项目节点完成实际时间

注：① 正负零以下平均每层施工天数为 15 天。
② 标准层平均每层施工天数为 3.8 天。

分析济南其他类似项目工期，如表 6.1。

表 6.1 B5 项目主体结构施工周期

楼 层	开始时间	结束时间	持续天数
-3 层西楼	3 月 30 日	4 月 24 日	25 天
-3 层中间	4 月 8 日	4 月 27 日	19 天
-3 层东楼	4 月 9 日	5 月 2 日	23 天
-2 层西楼	4 月 24 日	5 月 13 日	19 天
-2 层中间	4 月 27 日	5 月 15 日	18 天
-2 层东楼	5 月 2 日	5 月 22 日	20 天
-1 层西楼	5 月 13 日	6 月 4 日	22 天
-1 层中间	5 月 15 日	6 月 7 日	23 天
-1 层东楼	5 月 22 日	6 月 9 日	18 天
1 层西楼	6 月 4 日	6 月 25 日	21 天
1 层中间	6 月 7 日	6 月 29 日	22 天
1 层东楼	6 月 9 日	7 月 1 日	22 天
2 层西楼	6 月 25 日	7 月 9 日	14 天
2 层叠合箱梁	6 月 29 日	7 月 13 日	14 天
2 层东楼	7 月 1 日	7 月 15 日	14 天
3 层西楼	7 月 9 日	7 月 21 日	12 天

续表

楼　层	开始时间	结束时间	持续天数
3 层叠合箱梁	7 月 13 日	7 月 26 日	13 天
3 层东楼	7 月 15 日	7 月 24 日	9 天
4 层西楼	7 月 21 日	7 月 31 日	10 天
4 层叠合箱梁	7 月 26 日	8 月 4 日	8 天
4 层东楼	7 月 24 日	8 月 3 日	9 天
5 层西楼	7 月 31 日	8 月 8 日	23 天
5 层叠合箱梁	8 月 4 日	8 月 12 日	8 天
5 层东楼	8 月 3 日	8 月 10 日	7 天
6 层西楼	8 月 8 日	8 月 15 日	7 天
6 层叠合箱梁	8 月 12 日	8 月 19 日	7 天
6 层东楼	8 月 10 日	8 月 17 日	7 天
7 层西楼	8 月 15 日	8 月 24 日	9 天
7 层叠合箱梁	8 月 19 日	8 月 26 日	7 天
7 层东楼	8 月 17 日	8 月 25 日	8 天
8 层西楼	8 月 24 日	8 月 30 日	6 天
8 层叠合箱梁	8 月 26 日	9 月 2 日	6 天
8 层东楼	8 月 25 日	8 月 31 日	6 天
9 层西楼	8 月 30 日	9 月 8 日	8 天
9 层叠合箱梁	9 月 2 日	9 月 9 日	7 天
9 层东楼	8 月 31 日	9 月 7 日	7 天
10 层西楼	9 月 8 日	9 月 17 日	9 天
10 层叠合箱梁	9 月 9 日	9 月 18 日	9 天
10 层东楼	9 月 7 日	9 月 15 日	8 天
11 层西楼	9 月 17 日	9 月 23 日	6 天
11 层叠合箱梁	9 月 18 日	9 月 25 日	7 天
11 层东楼	9 月 15 日	9 月 22 日	7 天
12 层西楼	9 月 23 日	9 月 30 日	7 天
12 层叠合箱梁	9 月 25 日	10 月 1 日	6 天
12 层东楼	9 月 22 日	9 月 29 日	7 天
13 层西楼	9 月 30 日	10 月 7 日	7 天
13 层叠合箱梁	10 月 1 日	10 月 9 日	8 天
13 层东楼	9 月 29 日	10 日 7 日	8 天

续表

楼　层	开始时间	结束时间	持续天数
14 层西楼	10 月 7 日	10 月 12 日	5 天
14 层叠合箱梁	10 月 9 日	10 月 15 日	6 天
14 层东楼	10 月 7 日	10 月 13 日	6 天
15 层西楼	10 月 12 日	10 月 18 日	6 天
15 层叠合箱梁	10 月 15 日	10 月 21 日	6 天
15 层东楼	10 月 13 日	10 月 19 日	6 天
16 层西楼	10 月 18 日	10 月 25 日	7 天
16 层叠合箱梁	10 月 21 日	10 月 27 日	6 天
16 层东楼	10 月 19 日	10 月 25 日	6 天
17 层西楼	10 月 25 日	11 月 1 日	7 天
17 层东楼	10 月 25 日	11 月 2 日	8 天
18 层西楼	11 月 1 日	11 月 8 日	7 天
18 层东楼	11 月 2 日	11 月 9 日	7 天
19 层西楼	11 月 8 日	11 月 16 日	8 天
19 层东楼	11 月 9 日	11 月 17 日	8 天
20 层西楼	11 月 16 日	11 月 24 日	8 天
20 层东楼	11 月 17 日	11 月 23 日	6 天
21 层西楼	11 月 24 日	12 月 2 日	8 天
21 层东楼	11 月 23 日	12 月 3 日	10 天
22 层西楼	12 月 2 日	12 月 8 日	6 天
22 层东楼	12 月 3 日	12 月 9 日	6 天
23 层西楼	12 月 8 日	12 月 14 日	6 天
23 层东楼	12 月 9 日	12 月 16 日	7 天
24 层西楼	12 月 14 日	12 月 20 日	6 天
24 层东楼	12 月 16 日	12 月 21 日	5 天
25 层西楼	12 月 20 日	12 月 25 日	5 天
25 层东楼	12 月 21 日	12 月 26 日	5 天
26 层西楼	12 月 25 日	2012 年 1 月 2 日	8 天
26 层东楼	12 月 26 日	2012 年 1 月 3 日	8 天
-3 层车库全部完成	3 月 30 日	8 月 23 日	146 天
-2 层车库全部完成	4 月 24 日	9 月 5 日	134 天
-1 层车库全部完成	5 月 13 日	10 月 6 日	146 天

注：① 正负零以下平均每层施工天数为 20 天。

②　标准层平均每层施工天数为 8 天，叠合箱梁平均每层施工天数为 6 天。

（2）计划模板的标准工期（表 6.2）。

表 6.2　计划模板的标准工期

工作内容	建筑形式	工期		说明
场地平整、土方开挖和基坑支护及施工总平布置	有设计的基坑支护	90 天（已进入市场）	120 天（第一次进入该市场）	根据地质条件不同可以调整
桩基础及地基处理（含试验）	桩基础	60 天后完全分区桩基础施工及检测，提供底板结构施工工作面		基坑开挖前先施工桩基的，需满足基础阶段总工期要求
	天然地基+抗浮锚杆			
地下室结构（底板至±0.00）	按三层地下室框架剪力墙地下室结构为例	非人防区20天一层	人防区25天一层底板25天（含砖胚模、垫层及防水）	
地上主体	裙房	22天一层（钢构简单，有预应力施工）	30天一层（钢构复杂，有预应力施工）	
	办公楼	标准层以下15天一层	标准层以上5.5天一层	
屋面钢架结构（如有）	前期准备（深化设计、工厂加工）	100 天		±0.00 结构完成后一个月必需开始深化设计
	现场安装	70 天		施工前完成所有的深化设计，加工排产，及材料到场
土建二次结构	机房、楼梯间等砌筑			
幕墙工程	前期准备（深化设计、材料采购、构件加工）	120 天		基础底板后完成招标准备（地下室顶板要开始做埋件），地下室顶板结构施工前一个月开始深化设计

续表

工作内容	建筑形式	工期	说明
幕墙工程	城市综合体现场安装	210 天	主体结构完成后一个月开始安装
	办公楼现场安装	150 天	主体结构完成一半后开始插入安装
精装饰	前期准备（深化设计、材料采购、工厂加工）	150 天	主体结构（不包括屋面钢架）封顶前定标，深化设计完成时，石材等主要材料也需完成定标与定样，以及样板施工。
	施工	200 天	隐蔽前工作与机电二次安装配合
机电	配合主体预埋	配合土建进度	配合型工作，跟主体走
	地下室机电系统安装	360 天	地下室完工一个月后开始插入施工
	地上机电系统安装	280 天	在精装大面积施工前完成主要管道，机房，干支管安装工作，后期进度与精装协同
	调度与验收	50 天	
	电梯相关工作	货梯、消防梯先行投入使用，安装期控制在 60 天以内	基础底板施工前完成招标，型号规格确定，配合结构施工
室外工程及景观园林	施工准备	90 天	
	施工	75 天	规划验收及消防验收前完成道路基层施工

按上表分析，不考虑外部影响，建筑工程紧凑的施工工期为 23 个月。

（3）全景计划模板使用的注意事项。

① 地下室主体结构尽可能分区插入，利用底板结构自防水及内部疏

排水，尽可能不做底板外防水以节省时间。

② 根据项目总进度计划做好分判计划，主要分包定标建议时间如下：

装饰性钢结构（如有）：基础底板施工期完成招标准备；±0.00出来后一个月必需开始深化设计；现场施工前必需完成所有的深化设计以及重要材料构件的加工排产安排。

电梯：有从基础底板起来的扶梯，基础底板施工前完成电梯招标，型号规格确定。如有扶梯，则从地下一层起来的扶梯，在地下一层楼板前一个月完成定标型号规格确定。

幕墙：基础底板后完成招标准备（地下室顶板要开始做埋件），地下室顶板封闭前一个月开始深化设计。关于现场安装，其中屋面钢结构需要在主体结构完成后一个月开始安装，而办公楼则在其主体结构完成一半后开始安装。

精装修：主体结构封顶前完成定标工作，深化设计完成时，石材等主要材料也需完成定标与定样，以及样板施工。

③ 土建二次结构插入时间。

该部分工作尽可能提前插入，尤其是地下室部分的土建二次结构施工直接影响机电、验收、地下室工作环境及工地工期及文明形象，因此条件许可，可在地下室主体施工完毕后一个月后及时提前插入。地上裙楼及塔楼可按在施结构楼层–4层的原则及早插入砌筑工作。

④ 临时垂直运输设施拆除。

该部分与室内垂直运输的启动时间及室外工作、房面工程及防水、立面幕墙、相关验收工作密切相关；建议在主体完工后逐步拆除，在室内电梯启动之时完成所有的直运输设施拆除。

⑤ 裙楼外架在结构施工完成、幕墙龙骨安装完成后即可考虑拆除，背板及面板要求幕墙分包用吊篮安装。为减少吊篮配重占用屋面对防水工程造成影响，屋面周边防水应在结构完成后及时施工并保护。

⑥ 室外工程及园林景观插入时间。

室外工程不宜过早插入（有宣传、展示、销售要求的除外），但需要在主体结构完工后及时完成定标工作，二个月内完成深化设计；规划验收前完成基层施工。

6.4.4 计划协同汇报体系（图6.10）

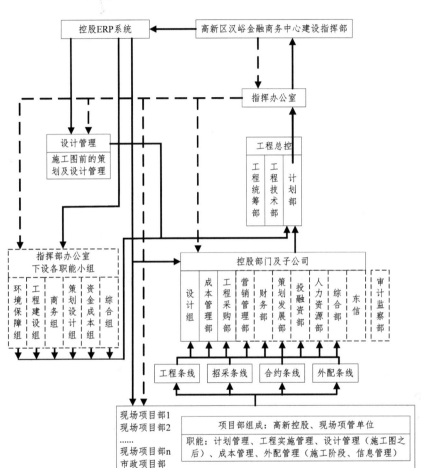

图 6.10 计划协同汇报体系图

计划协同汇报体系流程如下（图6.11）：

（1）各现场项目部通过日报表、周进度分析报告将工程条线、招采条线和成本条线汇报到各个相关职能部门，各部门计划专员通过扫雷排障形成过程计划、会同日报、周进度分析报告、周报和月报汇集到计划部；指挥部办公室下设的职能办公室提供进度相关信息至计划部，设计总控同时提供设计管控相关的日报、周报、周进度分析报告、周报、月报至计划部；

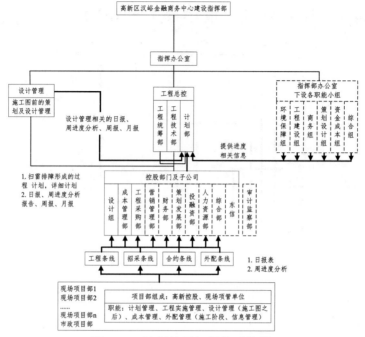

图 6.11　计划协同汇报体系流程

（2）计划部根据收集的相关信息，将滞后超过 14 天的二级计划，一级计划节点调整情况和月或季进度分析报告汇报至指挥部办公室。指挥部办公室据此向高新区建设指挥部汇报里程碑计划节点调整情况，28 天以上工期顺延申请或对工期有重大影响的事项和季或年进度分析报告（图 6.12）。

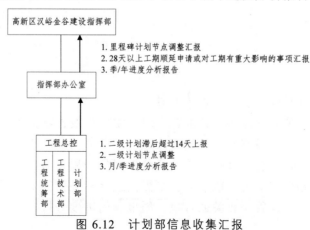

图 6.12　计划部信息收集汇报

6.4.5　计划扫雷排障体系

计划扫雷排障体系的核心是"4M"和"5W"。4M 法是指 Manpower（作业员）、Machine（机器设备）、Material（原材料）、Method（作业方法）。通过对项目各节点提前检核 4M，及时发现问题，为计划管理前置的实施提供了前提条件。5W，即 5 个什么定律（Why、What、Who、When、Where），对项目中出现的各种情况进行本源追踪，找出根本性问题，予以解决。Why 定律：为什么会出现问题，出现的问题对事件有什么影响，最终会导致什么结果。What 定律：解决问题需要做什么，通过保证什么条件能将问题解决。Who 定律：出现的问题责任在谁，由谁进行跟进。When 定律：在什么时间问题矛盾开始突出，还有多少时间去解决问题，解决问题的截止时间。Where 定律：问题出现在项目的什么阶段，其前后有什么主要的工作，此阶段进展到什么地步才能将问题解决。

扫雷排障的具体实施过程：项目计划专员针对计划节点完成必备的相关条件，利用扫雷排障信息收集模板向各部门收集该节点现状；运用 4M、5W 方法找出影响完成该节点的根本原因，提前排除障碍，顺利推进项目的实施。

扫雷排障的信息收集表（图 6.13）：

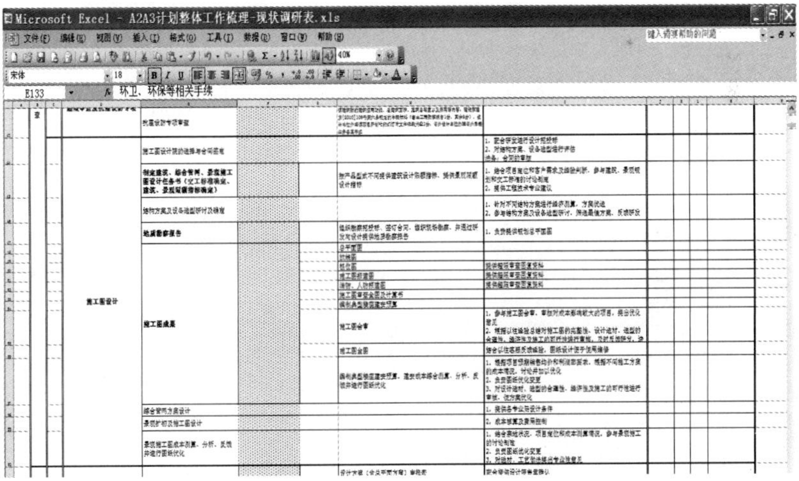

图 6.13　扫雷排障信息

扫雷排障过程截图（图 6.14）：

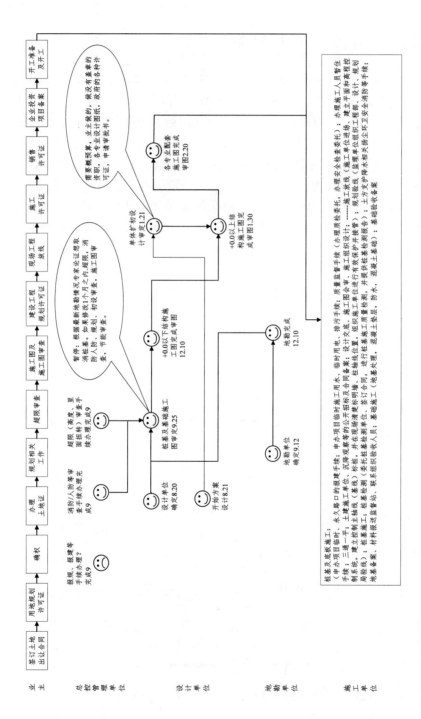

图 6.14　扫雷排障过程示意

6.5   计划管理后置措施

"计划管理后置"的模式是计划下达、计划执行、跟踪检查和计划纠偏这四块的循环运作（图 6.15）。

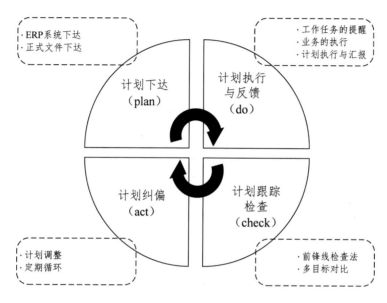

图 6.15   计划管理后置措施

1. 计划下达

现场项目部、各部门以及各参加单位提供的专项计划，经计划部汇总、平衡以及优化后报至指挥部办公室审批。报批后，一级计划由 ERP 系统进行下达，其他非一级计划由指挥部办公室以正式文件下发相关部门或参加单位。

2. 计划执行

项目计划通过 ERP 系统下发到各部门、各参建单位以及现场项目部。各部门、各参建单位以及现场项目部根据部门工作指引，依据项目计划开展各项工作。

3. 计划跟踪检查

项目计划专员每周检查进度，核实是否按项目计划执行，后在项目周例会上向项目经理汇报，期间形成项目周报。现场项目经理与部门计划专员共同对项目计划进行每月检查，核实部门计划执行情况，后在项目月度运营会上向部门负责人汇报，期间形成部门月度报告和项目月报。在项目周例会和项目月度运营会上对与项目计划中有所偏差的节点是否调整进行商讨（图 6.16）。

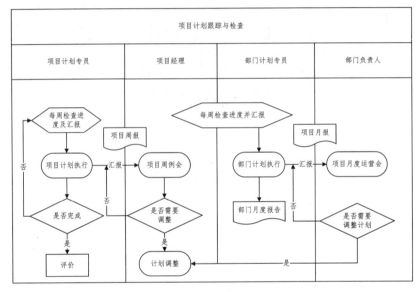

图 6.16　项目计划跟踪与检查

计划跟踪检查的动态数据将及时录入到总控计划，并利用前锋线检查法与多目标对比法，进行总控计划的进度计算并分析预测进度偏差以对后续工作影响（图 6.17）。

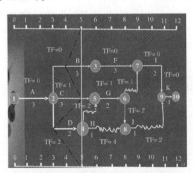

图 6.17　总控计划的进度计算

4. 计划纠偏

计划实施过程中，各部门、各参建单位及时汇报计划执行情况，计划专员定期收集项目实际情况，形成工程状况报告。计划部根据总控计划进度计算与分析结果提出纠偏措施（图6.18）。

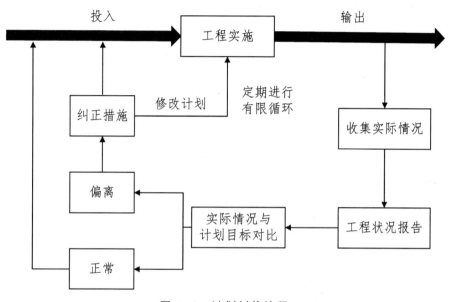

图 6.18 计划纠偏流程

6.6 计划编制依据

（1）项目甲建设项目概况及工程现状调研。

（2）总部基地南区 A2、A3 地块勘测定界图（电子版）。

（3）《总部基地南区 A2、A3 地块办公楼建筑项目岩土工程初步勘察报告》（电子版）。

（4）部分城市设计汇报资料（电子版）。

（5）总平、总工序、总计划协同初步手绘图。

（6）计划模板及标准工期。

（7）A2A3 初步设计过程文件及初步设计总说明。

6.7　计划编制成果

1. 项目甲里程碑节点

（1）2012 年 7 月 26 日：城市设计审定。

（2）2012 年 9 月 10 日：项目立项。

（3）2012 年 11 月 1 日：A2、A3 地块开工。

（4）2012 年 11 月 5 日：城市修建性详规及方案审定。

（5）2012 年 12 月 10 日：地质勘查完成。

（6）2012 年 12 月 31 日：场地动拆迁完成。

（7）2013 年 1 月 21 日：A 区项目扩初通过评审（单体）；2013 年 2 月 6 日：A 区项目扩初通过评审（总体）。

（8）2013 年 5 月 22 日：各单体施工图审定。

（9）2013 年 6 月 25 日：总体设计、地下空间及环路施工图审定。

（10）2013 年 7 月 1 日：A1、A4、A5、A6 地块开工。

（11）2013 年 8 月 1 日：地下空间（含地下环路）开工。

（12）2013 年 8 月 1 日：总体工程开工。

（13）2014 年 3 月 1 日：A7、A8 地块开工。

（14）2015 年 10 月 31 日：A2、A3 地块通过竣工验收。

（15）2016 年 7 月 3 日：地下空间与地下环路竣工。

（16）2016 年 12 月 31 日：A1、A4、A5、A6 地块通过竣工验收。

（17）2017 年 3 月 31 日：A7、A8 地块竣工验收。

（18）2017 年 5 月 30 日：总体工程竣工验收。

（19）2017 年 6 月 30 日：整体项目工程通过竣工验收。

该里程碑节点基本上全面反映了本项目的重要阶段节点，也体现了指挥部层面需要管控的阶段节点，然而根据项目实际进展情况来看，目前进度已滞后，按原定计划 A2、A3 地块 2012 年 11 月 1 日开工，春节前将完成主楼底板及车库垫层与防水施工。而现在 2 月初基础施工图才能出来，2013 年 3 月才能开展现场工作，4 月初才能大面积施工，稍有耽搁，则可以拖到 4 月底。目前来看，已经较原开工日期晚了 130 多天。故根据目前现状建议在原里程碑节点基础上做些补充如图 6.19：

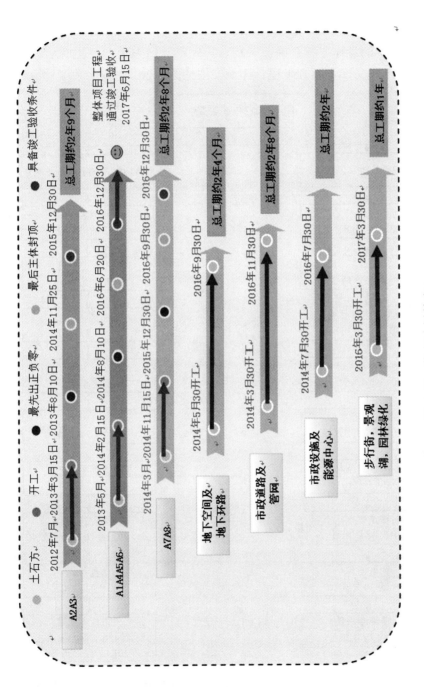

图 6.19 节点计划补充

2. 项目甲 2013 年重大关键节点

2013 年的总体安排是确保 A2、A3 于 3 月 15 日总包开工，A1、A4、A5、A6 年底完成土石方工程，详细安排见图 6.20。

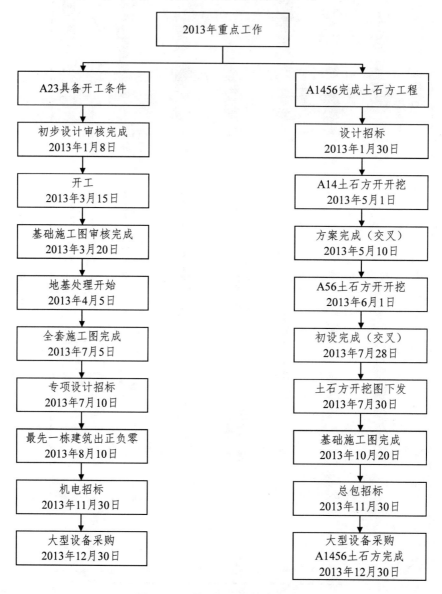

图 6.20　项目甲重点工作安排

3. 项目甲总控计划（图 6.21，过程文件截图）

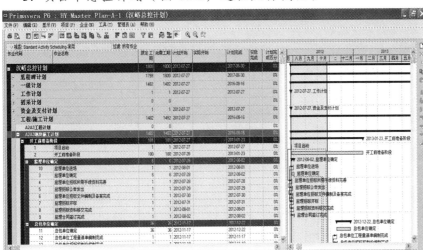

图 6.21　总控计划图

4. 项目甲一级计划（图 6.22，过程文件截图）

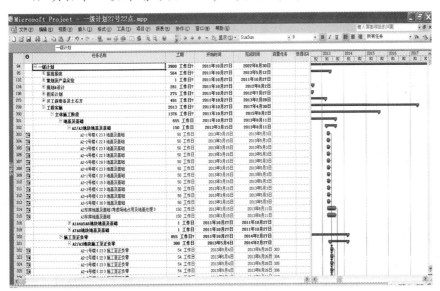

图 6.22　一级计划图

5. 项目甲 A2、A3 计划（图 6.23，过程文件截图）

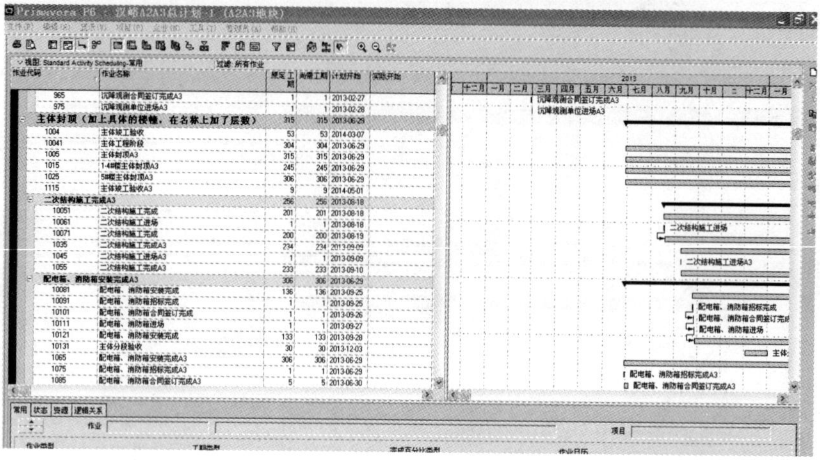

图 6.23　A2、A3 地块计划安排

6.8　项目甲计划可行性分析及对策

根据进度目标，项目甲整体项目工期为：四年零八个月，按照一般规模的城市综合体建筑，该工期就已经属于标准偏紧工期。然初步调研发现本项目存在前期部分工作滞后甚至缺失，目前又状况频现的情况。需注重工期、质量、成本、安全的关系，后面将论述超短工期要求其他各方所做的让步。

6.8.1　工期有利点分析

（1）本项目是济南市"城市东拓"关键战略型项目，是优化济南新城市格局的示范区，已列入山东省重大工程项目系列。政府将全力支持。

（2）本项目是济南高新区、济南高新控股以及中建西南院的重大战略项目，已抽调组建了顶级的管理团队。

（3）本项目将采用较先进的技术，聚集了国内最优秀的设计、顾问、总承包及专家。

6.8.2 工期不利点分析

（1）项目甲总建筑面积达 420 万平方米，地下总建筑面积超大（120 万平方米）且有环路连接，是特大复杂建设项目群。

（2）园区内外市政及配置与园区建设同步进行需要同度的协同。其协同高度与广度都是国内少有，其工期管控难度较大。

（3）项目工期紧，几大地块差不多同时开挖，其交通与材料堆场、临建设施场地紧张，易产生更多的二次搬运、交通拥堵及材料组织延误。

6.8.3 工程实施要点

（1）绝大多数施工车辆材料设备人流均需通过坡道与栈道且大开挖后，园区出门道路较少，极易发生交通拥堵，必须统一管理。

（2）施工场地的重点是尽量保障所有材料都能经塔吊一次吊至工作面，交通的重点是所有砼运输车均能畅通无阻的运至输送泵，沿途无材料堆放及卸货。同时泵管不用接太长。

（3）临时水电供给需考虑充足，并考虑同时使用系数，预留一定富余，施工高峰时可能因工期较短而成倍增加用电量。

（4）根据资源分析结果，高峰期工人将超万人，现场需提供足够的工人生活场地并统一管理。

（5）增加人、材、机的投入。

人、材、机的投入需在短期内大量集中，人、材、机需在招投标时做详尽分析，并在施工进度计划中体现，一些进度计划的目标只有与资源结合时才能看出问题，才能看出是否切合实际。

（6）资金到位及时。

较短的工期意味大量的资金在极短的时间内集中，甚至按月付进度款都会对工期形成阻碍，同时也需要多种灵活的支付方式，也可能需要对既有的财务制度进行一定变革。一旦付款跟不上进度可能会掉链子引起连锁反应。

（7）几个重要节点的插入。

① 土石方大部分完成，筏板施工提前插入，为后续地下室施工赢得时间。

② 本项目有多幢超高层，从设计到施工需在开工前就重点地考虑，多多预留设计及施工方案论证的时间。

③ 外墙龙骨安装在主体结构施工期间有条件的插入，能赢得大量时间（有一定安全风险及成品保护问题）。

④ 当主楼未封顶时，即可考虑装修样板施工的插入，局部加大投入形成断水条件，要充分考虑方案与样板来回拉锯给工期带来的延误。

⑤ 电梯在筏板施工前确定规格，以保证基坑标高尺寸与土建施工图相符。发电机、冷水机组电梯主机等重大设备需提前定货，以在结构施工阶段提前考虑吊装与运输通道，并给结构设计提供荷载。较重大的管道也需机电专业提前给土建结构设计提供参数，提前预埋埋件，以免后期安装困难。

⑥ 园林景观设计提前，廊架、高灯等需与结构相连接的构件提前预埋埋件，避免后期定位困难、破坏防水等对土建专业的困扰，同时注意覆土深度、跨变形缝的处理等问题对建筑设计提出的要求。

⑦ 标志与广告的设计、安装需与外墙同步，避免后期返工而外墙未备返工材料造成工期延误。

⑧ 砌体二次结构从地下室施工阶段插入，随结构主体进度施工，主体结构分阶段验收，粗装修提前插入，为精装修提供提前入场时间。

⑨ 以过去的中建的经验看，延误工期主要发生在两个时间段，第一个是主体完工或局部条件具备，屋面、二次结构与粗装修、外墙、精装修施工开始进行这个时间段上。第二个是精装修收尾，精装修与外墙材料迟迟不能到位，这两个阶段造成工期数月无重要进展，也是管理上最难、交叉最多的时间段。

（8）土建、机电、装修施工计划的契合。

土建、机电、外墙、装修在计划的制定上必须联动，特别是一些大的计划往往能兼顾，短期施工计划常常会忽视。

（9）材料计划与供应。

这是一个需重点强调的环节，建议在业主、项管抽调相关人员组建专门的材料管理小组，要做到每谈施工计划必谈材料，尤其要强调的是材料管理的跨专业性质。管理团队中土建、钢构、机电、外墙、装修、景观等各方往往只知道自身范围的情况，这种状况需改善。

6.9 工期风险

施工状态常会是边设计、边施工、边修改，而目前济南高新控股有健全的体制，各方面管理有正规流程，但这往往导致变更流程太长而影响现场施工工期。在本项目中可能需要找到适当一种平衡。

6.9.1 工期对施工质量的牺牲

（1）验收程序的简化。

工程质量与隐蔽验收正规的程序是分包自检、总包现场工程师验收、总包质量工程师验收、监理与业主工程师验收。部分节点需质量监督站参与，工期要求这些验收程序简化，但会对相关工程师提出更高更严的要求，以在较短的工期内质量也能保证合格。

（2）超短的工期必然会造成质量的下降，比如模板的反复校正等工序，在工期较紧时是来不及做过多检查与修正的。

6.9.2 工期对工程成本的压力

（1）借鉴工期定额与成本的关系分析缩短工期对成本的巨大影响，以北京出台的政策为例（图 6.24），工期每提前 1 天，成本最低增加 2‰，我们对工期的压缩限制甚至会超过 30%上限的，所要增加的成本是非常巨大的。

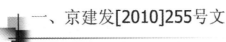

一、京建发[2010]255号文

■ 压缩工期的规定
1. 要求工期<定额工期，必须增加费用；
2. 压缩限制：30%，超限视为任意压缩工期（如何处理？）
3. 压缩在5%以内，建筑、轨交：0.2‰（每天），市政、房修：0.6‰，上限造价2%（不含设备费，下同）；
4. 压缩在5%～10%，建筑、轨交：0.4‰，市政、房修：1‰，上限造价3%；
5. 压缩>10%，专家论证、承担责任、补偿工期增加费（10%以内）、抢工措施费（10%以外，建工、轨交1‰，市政、房修3‰）；

图 6.24 北京地区关于压缩工期的规定

（2）缩短工期需大量增加机械配置，施工电梯、物料提升机也需同步增加，其他钢筋机械、木工机械、电焊机等钢构机械均大量增加。需增加机械的安装拆除成本及降低机械效率。

（3）模板、周转材料的投入增加，当主楼工期压缩至 4~5 天一层时，需配置的模板及支撑系统更多。

（4）为加快工期，需采取提高砼标号与掺砼早强剂来加快砼早期强度等技术措施。

（5）为加快工期，很多流水施工需改为平行施工，人闲工作面不闲，必然增加很多局部窝工和赶工费用，且平行施工需增加相应各种资源。

（6）为加快工期，需多准备施工场地早备材料，甚至很久不用也要提前准备，宁多勿缺，这部分材料需消耗资金的时间价值且会增加二次搬运费用。

（7）为加快工期，必然会产生加班、节假日施工等补助费用及工期奖励，甚至这个费用非常大且现金支付时最有效。

6.9.3　工期需安全文明的让步

工期需安全文明施工做出让步，很多时候会出现一边施工一边完善安全措施的情况。在保证安全的前提下，对于文明施工可能会有所放弃，这需要加大安全管理力度及加强与监督机构的沟通。

6.9.4　工期对设计的要求

（1）尽量减少新材料、新工艺、新技术、新设备的应用，而采用成熟和常用的设计及方法，每一种试验都是对工期的考验。

（2）尽量减少进口材料、货源单一材料、订货周期长材料，增加就近购买材料及现货供应。

6.9.5　对缩短工期的其他建议

（1）若要确保工期目标的实现，在前期要重点保证两个节点：① 保证设计图纸的完成时间，以便做充分的技术准备减少后期变更对工期的延误，提前做好各种招标工作，减少材料与机电设备供应延误，特别是重要机电设备的组织。② 保证地下室结构的施工开始时间，每一个工期节点都很难再做压缩，所以保证地下室结构开工时间至关重要。

（2）按节点要求提前拿到各种手续，保证开工不被行政部门及其他单位干扰。

（3）严格要求出图质量，减少变更，加大各单位各专业审图力度。

（4）简化变更手续，一个变更由提出到发文给分包实施约 10～14 天甚至更长，从设计到业主到总包都有较繁琐的审批流程，对工期形成很大的制约。

（5）提前专业设计介入时间，尤其是需做深化设计的专业设计。灯光、机电、装修、景观等专业设计的介入时间尽量提前，避免前期考虑不周而在后期返工。

（6）加强设计、业主、总包、专业分包等各专业之间的沟通协调。避免不同单位不同专业沟通进展缓慢或沟通不充分造成反复变更。重要变更与方案决策慢也常是工期延误的重要因素。

（7）材料。尽量选用本地材料、供应周期短、供货渠道多的材料，施工时因变更或计划不周、材料损耗超预想、成品破坏等原因，常需要二次或多次供应，材料供应不及时影响工期，尤其主工序上的材料供应延误直接会影响总工期。

（8）节假日因素。工期计划除春节等重大节日外一般不考虑节假日因素，设计单位与业主均按国家节假日规定休假。需制订所有参建单位的节假日值班制度，休假期间有人代为决策，缩短变更由提出到解决的周期。

7 广义计划学在工程项目中的应用案例
—— 成都 A 公司某城市综合体项目乙

7.1 项目背景

成都 A 公司某城市综合体项目乙地处成都市二环路东三段，是成都新城东的核心位置。该工程占地面积 46 500 m²，建筑面积 31.8 万 m²，地下三层，塔楼部分地上 39 层，裙楼部分地上 6 层，内设百货、餐饮、零售、溜冰场、电影院和美食广场。

该项目虽然是由业主自己全资的施工单位进行了施工总承包，但在营建方式上仍然采用了传统的设计-投标-施工的模式。图 7.1 表明了该项

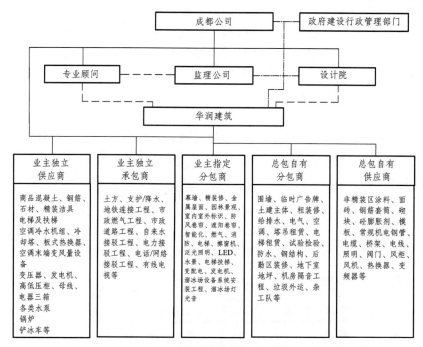

图 7.1 主要参建单位合同关系

目的组织架构。成都公司（即 A 公司成都公司）首先签约了一家合约顾问公司以帮助其起草招标文件，并以此进行市场招标行为，该程序与市场通用程序无异，但需要特别说明的就是，该项目的中标标准不仅仅是最低价中标，而是在招标文件中增加了质量与进度策划考核标准。最终的中标者是价格、质量及进度管控综合最高分者中标。本研究从 2011年 3 月开始，对该项目进行了为期二个月的调查，以及通用模型与协同计划方法的应用实证，当时该项目正处于施工高峰期。并且后期也断断续续地对该项目进行回访和跟进。

7.2 研究方法

本部分研究采用了案例研究法的典型程序， 即首先根据研究目标与内容编制了一份案例研究方案，并根据该研究方案编制了一个 15 页的采访提纲，并提前一个星期通过邮件发给了项目经理以方便他提前安排相应配合工作，在接下来的实际调研阶段。研究工作包括观察记录计划工程师工程的日常工作及工作方法、访谈、小组讨论、相关证据及资料的收集等。

7.3 项目乙实践中计划使用的方法和存在的问题

该项目的土建工程量只占整体工程造价约 40%,而主体结构封顶时完成的工程量仅约为总体工程量的 30%左右,大量的工程量是在主体封顶后由机电、幕墙、装修分包完成的。而某城市综合体中庭与屋面钢结构复杂、幕墙、溜冰场、电影院等特殊部位技术、施工流程复杂,建造前期计划工作量巨大。同时该项目处于成都市繁华地段,施工场地相对狭窄。另外,作为商业综合体项目的按时开业意义重大、价值显著,工期控制非常重要,因此该项目成立了计划部,期待加强计划的管控工作。该项目涉及众多参建单位,建造前期计划成果形式多样,内容多样,具体分类如下:

（1）类似项目的工期对比分析表。该项目的总承包单位为了实现对该项目工期的总体控制与计划管控的策划,首先在工程开工前对该公司所开发的其他几个类似商业综合体的进度数据进行了全面的对比分析,如下表 7.1 所示。

表 7.1　A 公司某城市综合体项目工期对比表

项目	总工期	分段工期（机电安装全程穿插）					
		基坑支护及土方	工程桩或锚杆	地下室主体结构	上部主体结构	幕墙及屋面	装修及室外
深圳某城市综合体	25 个月(2002年 11 月 12 日—2004 年 12 月 9日)	4 个月	4 个月(工作面闲置 2 个月)	4 个月（总包进场，提前插入 2 个月）	4 个月	8 个月	4 个月（提前插入 3 个月）
杭州某城市综合体	35 个月(2007年 1 月 13 日—2009 年 12 月 9日)	支护 3.5 个月，工程桩 3 个月，土方 3 个月。工程桩提前插入 1 个月		12 个月（总包进场，工作面闲置 1 个月）	9 个月（提前插入 4 个月）	—	—
沈阳某城市综合体	39 个月(2007年 9 月 10 日—2010 年 12 月 9日,包括冬季施工)	8 个月（冬季停工 4 个月）	4 个月	10 个月（总包进场，提前插入 2 个月，冬季停工 4 个月）	预计5.5 个月（提前插入 2.5 个月）	—	—
成都某城市综合体	27 个月(2009年 9 月 5 日—2011 年 12 月 15日)	5 个月	3 个月（总包进场，与土方工程交叉 1.5 个月）	4.5 个月（与锚杆工程交叉 2 个月）	5 个月（与地下结构交叉 1.5 个月）	8 个月	9 个月

（2）里程碑计划。该份文件是由总承包与业主商定后所确定的，并简单的以 WORD 形式表达的，如图 7.2 所示。

主要节点目标
➢ 2010年7月15日地下室主体结构完成
➢ 2010年11月30日万象城主体结构封顶
➢ 2011年1月30日华润大厦主体结构封顶
➢ 2011年5月30日万象城屋面及立面封闭断水，移交场地给主力店租户
➢ 2011年9月30日移交场地给万象城小租户
➢ 2011年11月10日公共区消防验收
➢ 2011年12月15日全面竣工

图 7.2　里程碑计划

（3）业主总控计划。该份文件是业主工程管理部所编制的，所使用的软件是 Oracle Primavera 计划软件，其最终成果部分摘录如图 7.3。

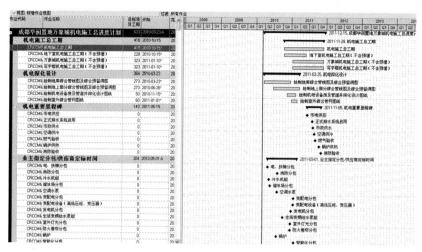

图 7.3　业主总控计划

（4）施工保障计划。该份文件是总承包单位提交给业主的计划成果文件，部分摘录如下图 7.4。该份计划仍然是由计划部所编制的，其目的是提醒业主提前做好各参建单位的计划协同。由此文件可以看出，该公司已经开始意识到了建造前期计划的重要性。

主要施工保障计划	深化图纸计划	分包要具有图纸深化能力，总包审批。
	方案编制计划	总包将编制各专业的系列化方案计划，与工程施工进度配套。
	供应商及指定分包定标计划	我司将根据总进度计划随时更新并定期呈报给业主代表，并及时提醒应定标时间。
	设备报审及进场计划	我司将严格控制材料、设备的进场时间，保证其满足施工进度的要求。
	大型施工机械进出场计划	为保证室外总施工尽早插入，对塔吊、脚手架以及部分临建设施等制定出最迟退场或拆除期限，为现场创造良好的场地条件。
	检验、验收计划	此项验收计划需业主和业主代表、监理方、设计方和政府质量监督部门密切配合。

图 7.4　施工保障计划

（5）施工电梯及外架计划。该份文件是总承包单位计划部下发给各分包单位及施工电梯分包单位的计划文件，详见图 7.5。该份计划的目的是提醒各分包单位提前进行材料准备，以免施工电梯拆除后而大宗材料未到施工安装地点的情况出现。从该份计划文件中可以看出，计划部在建造前期是考虑到了机械机具计划与施工计划的协同，与计划工程师的访谈也证实了这点。

施工电梯及外架计划

	设施名称	搭设时间	拆除时间	备注
1	1#施工电梯 低速电梯-写字楼	2010年5月5日	2011年9月	
2	2#施工电梯 中速电梯-写字楼	2010年7月8日	2011年9月	
3	3#施工电梯 低速电梯	2010年4月12日	2011年6月	
4	4#施工电梯 低速电梯	2010年4月12日	2011年6月	
5	5#施工电梯 低速电梯	2010年4月12日	2011年6月	
6	6#施工电梯 低速电梯	2010年4月12日	2011年6月	
7	写字楼外架	2010年3月28日		**结构完成后保留4个月**
8	万象城外架	2010年3月27日		**结构完成后保留4个月**

图 7.5　施工电梯及外架计划

（6）主要分包商的计划。该份文件是幕墙单位在进场前根据总承包单位的计划编制要求所编制并上报总承包计划部的施工计划文件。其目的之一是督幕墙单位是在施工现场正式施工开始前全面思考其工作安排，之二是便于计划部统筹各分包计划，如 7.6 所示。

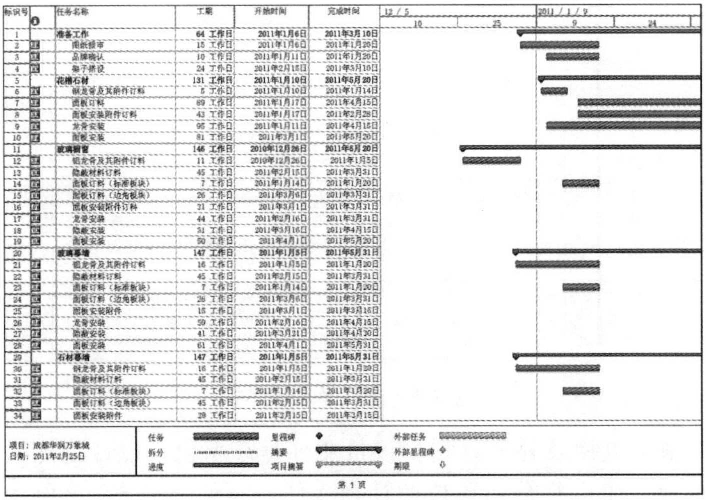

图 7.6　幕墙分包计划

（7）分包工程招标计划。该份文件是业主的合约顾问所提供的部分招标计划，并由业主转发给总承包单位。其目的也是为了方便总承包单位协调各方计划，如图 7.7 所示。

中国成都市
某商业项目一期
精装修（地下室、裙楼部分）分包工程招标计划

招标项目		招标文件预备阶段			招标实施阶段（各阶段工作内容及时间尚待业主确认）				
		收到完整的设计资料及技术文件	完成并提供招标文件文本部分（初稿）	完成并提供招标文件，包括文本部分（修改稿）及不含数量清单（初稿）	业主审核及修改	出标	回标	完成评标报告（初稿）	定价及签署
精装修分包工程	计划开始时间	2010-10-18	2010-10-26	2010-11-4	2010-11-9	2010-11-12	2010-12-17	2010-12-31	2011-2-29
	各阶段工作持续时间（日历天）		8	9	5	3	35	14	29
	各阶段工作计划时间（工作日）		7	14	3	3	25	10	20
	累计持续时间（日历天）		8	17	22	25	60	74	103

注：1、本次招标文件不提供工程量及单价表之参考数量，参考数量将在回标时提供。
2、以上乃为其中一个标段的工作时间，若各标段同时跟进，需进一步考虑因交叉工作而适应延长时间。

图 7.7 分包工程招标计划

（8）材料设计下单计划。该份计划由总承包、专业分包及相关的供应商共同制定。其编制的依据是经总承包审批过的专项施工计划，其目的是为了总承包能更好地协调场地使用计划、机械机具租赁计划以及紧前紧后的各专业施工计划，如图 7.8 所示。

材料设计下单进场计划

序号	材料名称	分项部位	下单时间	材料进场时间
1	2mm铝背板	石材部位	2月20日	3月30日
3	2mm铝背板	北庭部位	2月25日	4月25日
4	2mm铝背板	南面铝板部位	2月25日	4月10日
5	2mm铝背板	博物馆	5月20日	6月15日
6	35mm花岗石	东面	已交甲方	4月20日
7	35mm花岗石	北面	已交甲方	5月10日
8	35mm花岗石	南面	已交甲方	5月20日
9	3mm铝单板	飘蓬前端	3月10日	4月30日
10	3mm铝单板	飘蓬后端	3月25日	5月25日
11	3mm铝单板	南面	3月25日	4月15日
12	3mm铝单板	指廊部位	3月25日	4月15日
13	3mm铝单板	北庭部位	3月25日	5月5日
14	3mm铝单板	博物馆	5月20日	6月15日
15	3mm穿孔铝单板	设备层	4月10日	5月25日
16	1.5mm不锈钢水槽	飘蓬北庭	4月10日	4月30日

图 7.8 材料设计下单计划

（9）场地计划。由于该项目地处成都市市中心，周边紧邻繁华街道，其工作空间和交通通道非常受局限，再加商业综合体的快速开发战略，工期较一般公共建筑更短使得工地的场地计划。事实上，在本研究的调研期间不管是业主、总承包的项目经理、计划经理，还是各专业分包都意识到现场约束条件对工期的影响，并反复提到了场地计划的重要性。总承包单位也为此花了很多的时间和精力，除了编制了传统的施工总平面布置图现场的整体布局图外，还尝试了几种创新的方法如 JIT（宅急送）、零库存和实时场地监控（见图 7.9）来场地计划的效率。

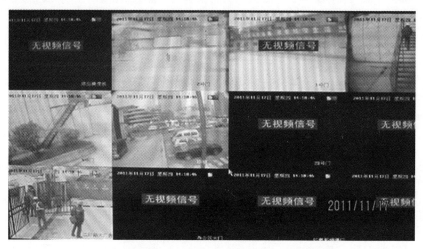

图 7.9　利用摄像头对现场进行实时时空管理

（10）总承包单位的计划文件。共有 12 个计划类型：① 成都某城市综合体项目计划管控策划书。严格来说，该份文件不是一个计划文件，而是一个框架性的计划编制与管理的指导书，但因为其与计划息息相关，因此，在本研究中也把它列入了计划成果类；② 施工方案，本项目的总承包的前身是香港营造公司，其管理方式与内地总承包公司有些不同，在该项目中，其施工方案由计划部牵头作为总承包的建造前期计划书的重要一部分内容而组织了计划工程师、合约工程师以及技术工程师共同编制而成的计划成果文件之一；③ 各类与进度相关的工作报表；④ 劳动力进场计划及劳动力分配表；⑤ 资金及支付计划；⑥ 设备清单及进场计划；⑦ 材料采购与进场计划；⑧ 安全文明施工保障计划；⑨ 环境保护计划；⑩ 临建及材料加工贮存设施的施工计划；⑪ 信息平台搭建计划；⑫ 临时水电接驳计划。

（11）各专业分包的计划。调研发现，各专业分包的计划文件都是根据"成都某城市综合体项目计划管控策划书"中确定的计划编制要求，包括计划种类，格式、内容而进行编制与提交的。其计划类型与总承包的计划类型相同，此处不再赘述。

为了调查该项目在建造前期计划管理中所使用的方法，笔者浏览了项目相关文件，比如招投标文件，项目管理文件、会议记录及各类信函与工地指示。然而，项目文件中与建造前期计划管理相关的信息非常有限，因此本研究试图通过面对面地访谈项目部相关工作人员（一个资深计划工程师和两个初级计划工程师）来了解该项目的建造前期计划管理是如何进行的。调研发现：在本项目中建造前期计划使用的方法是纯经验方法，即通常由资深计划工程师凭着经验手写一份项目施工任务清单及各任务的起始与结束时间，初级计划工程师则负责将该份施工任务清单输入 P6 计划软件及进度计算。其实上，所接受访谈的计划工程师们都觉得这种计划编制方式既费时间，又因为计划的编制全凭个人的经验与知识积累，经常会出现漏项情况，同时很多任务之间依赖关系被忽略了。

另外，在调研期间计划工程师们提到，他们曾经在编制住宅类项目采用了更为"智能"一些的方法，即计划工程师在编制住宅类项目建造前期计划时，会经常使用一些以前类似项目的计划成果文件作为初始计划模板，并在此模板的基础上进行添加或者修改，但该项目是商业综合体，其建造前期计划不论在任务清单还是任务逻辑关系方面都与住宅项目存在较大不同，无法直接使用住宅项目的建造前期计划模板，同时也没有类似商业综合体建造前期计划的相关模板。因此，本项目的计划工程师们是完全依靠自己经验，从"空白纸"上开始编制该项目的建造前期计划。

关于计划信息来源问题，调研揭示出：相关的合同文件、设计资料以及各专业的投标文件是建造前期计划编制与管理的主要信息来源。同时受访者指出，仅仅依靠这些文件中所提供的信息对于建造前期计划编制中的决策是不够用的。因此，有时计划工程师会通过拨打电话询问有关人员来获得所需的信息。但也经常性地出现找错人的情况，也就是说计划工程师不知道可以从谁那里获得他所需要的信息。所以，计划工程师们更多的时候是凭借个人经验估计相关信息来进行计划的相关决策的。

而信息管理在本项目则通常有两种方法：文档管理方法与会议方法。其中文档管理方法主要是指项目文件的分类编码和登记入册，而会议方法则是指项目部通过采用召开各种正式或非正式的会议来进行信息发布与信息沟通。事实上，会议在本项目部中是主要的信息发布与信息沟通方式。为此项目部还特别制定了会议制度。然而，在调研中，几乎所有的项目工作人员都抱怨会议次数太多，持续时间过长，且因为每次会议缺乏总览性质的会议讨论框架，使得大部分会议的效率极低。有计划工程师进一步地指出："有的时候虽然现场有大量的协调需要处理，有上百条信息需要在会议中确认，但出席了会议却发现，会议经常性地偏题，经常性地开着开着就变成了几个人的吵架大会了，大家都不知道本次会议的主题是什么了。会议到了最后，我没有获得任何信息，也不知道应当从那获得，也没有人能回答我的问题。"

当被问及计划工程师是如何处理和管理那些曾经在编制建造前期计划时所用过的"猜测"与"估计"的时，大部分受访者表现出对该问题的不理解，从来没有意识到他曾经做过"猜测"与"估计"，这其实是典型的"决策过了就忘了过程"的行为。只有少数几个经验丰富的计划工程师意识到了计划编制过程中存在的某些基于个人经验的"估计"，也强调了信息跟踪与更新的重要性。例如，一个计划工程师主指出，他会经常通过跟踪分包所呈报的周报与月报中的信息来对计划进行更新。然而他也同样表明：事实上，他在更新计划时，只能凭记忆对某些能记住的过往决策进行调整。但大多数情况下，他不知道还有哪些决策是需要调整的，只能记得多少就改多少了。

调研结果发现，变更管理在这个项目中是最受关注的。例如，大部分计划工程师表明他们会严密监视项目上的所有变更情况（如设计变更或者租房需求变化），并且会在变更发生的第一时间组织相关专题会议，讨论变更对总体计划的影响。然而，确定变更影响的效果则是完全依赖工程师们的经验。参与本次调研的项目经理就指出：在相同的信息基础上有经验的计划工程师比初级计划工程师能"看到更多的"

问题。同时，他也指出：实际上，就算是最有经验的工程师在面对复杂情况时，如果只是仅仅依靠个人经验与想象，有些时候也会出现考虑不周的情况。

总的来说，成都某城市综合体的现场调研情况再次表明建造前期计划过程就是一个决策过程。决策的正确性依赖于信息的可靠性和有效性，对决策的不确定性管理就是对决策过程中的信息流的管理。然而现场的信息管理混乱，随便估计和猜测信息的现象严重，但是却少有对信息估计和猜测的影响作出跟踪和分析。计划工程师对所需信息的来龙去脉混淆不清，信息管理等同于文件管理，而这样的文件多如牛毛，计划工程师们疲于从文件中搜集所需要的信息。同时计划的编制主要依赖于计划工程师的经验，也就是头脑，但是对于同时考虑上百个任务，即使是最有经验的计划工程师也经常举手无措，常出现各种错误，比如说遗失重要任务，忽略任务之间的依赖关系等等。而当现场情况变化时，计划需要调整，就更显得复杂难于应对了。其实本案例中的一系列问题的出现如施工场地使用冲突问题，材料采购过晚影响现场进度问题，材料堆场与运输通道的相互占道问题，成品损坏等目前实践中的共性问题都是由于建造前期计划制定不善导致的。

7.4 基于结构矩阵算法的动态协同计划方法在项目乙中的应用

动态协同计划方法的工程应用包括三个步骤：矩阵创建，矩阵解耦与撕裂。接下来的几个小节中，将对以上步骤的具体工程实用依次进行介绍。

（1）矩阵创建。

本论文的第 6 章第 7 节对项目建造前期计划模型的创建过程进行了详细的介绍，本研究阶段是将直接应用该计划模型。首先需要把模型的信息依赖表作为数据导入到矩阵分析软件 ADEPT 中，以创建本项目的初始矩阵，如图 7.10、表 7.2 所示。

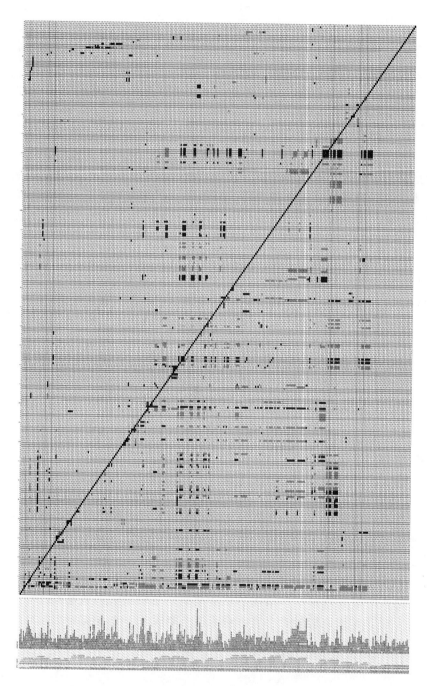

图 7.10　项目乙的初始矩阵

表7.2 撕裂示例

任务 代码	前置 任务代码	撕裂前 级别	经验/团队智慧商议 估计决策记录	撕裂判断标准
A.5.2.2.1	A.5.2.2.3	B	施工总平布置可以凭经验先行开始，并根据后期施工具体要求进行调整即可	工程惯例
A.5.2.1.5	A.1.2.1	A	工地现场的施工环境分析可以让计划工师通过踏勘现场然后凭经验估计即可	根据工地现场踏勘做施工环境分析是计划工程师的重要能力之一
A.4.5	A.4.1.4	A	施工任务清单的编制工作可以通过计划工程师结合经验与施工图先行编制，后续补充即可	当施工方案确定之后，施工任务清单的质量是可控的
A.3.1.2.4.2	A.4.2.1.4.1.5	B	材料发货方式可以电话沟通	电话沟通便捷
A.3.1.1.1	A.3.5.6	B	施工队的选择一般是经验行为	在本项目中，施工队都是长期战略合作单位
A.7.2	A.3.1.2.1.7	B	行政管理方法是公司的制度，照搬即可	工程惯例
A.4.3.1.1	A.3.1.1.1	B	负责工地保洁的劳动力需求这一信息的变化对工程影响较小	本工程靠近劳动力市场，临时工的招聘相对容易
A.1.7.2.2	A.1.1.6	B	工地临地堆场条件的分析可以在现场踏勘的时候就确定下来	根据工地现场踏勘做施工环境分析是计划工程师的重要能力之一

（2）矩阵分析（解耦和撕裂）。

一旦矩阵建立，下一步就是分析矩阵，包括矩阵解耦和撕裂。解耦的目的是为了系统地确定建造前期计划任务的最佳序列。解耦原理及方法在本论文的第5章已经做了详细的介绍，此处不再赘述。表7.3显示了本项目解耦之后的矩阵。解耦结果表明：在这个项目中有41%的计划任务属于一个单一迭代循环之内。但是从计划工程师的反馈表明，在实践中，很少存在这样的大规模的耦合任务。在实践中，计划工程师往往是以一个团队的形式进行建造前期计划的编制工作，大量的信息是通过口头交换的，只有一小部分的信息迭代被记录下来。因此，下一步工作需要对解耦矩阵中的大型单一迭代循环进行进一步的分析与撕裂。撕裂的目的是选择标志为 A 级的反馈（图中红色的小方格，见图 7.10），通过团队智慧商议或者类似项目经验数据对某些信息进行估计（同时记录在案）从而调低反馈的级别，并对矩阵进行重新运算（重新解耦），使得大型单一迭代循环逐渐分解，初步形成小型决策组团，即撕裂矩阵（见图 7.11）。撕裂过程是项目团队根据自己的经验和具体项目的讨论的结果。在本案例中共有 230 个撕裂过程，程序自动记录了每个撕裂过程和撕裂依据，如表 7.2 所示，并形成了七种撕裂的依据，如表 7.3 所示。通过撕裂，大型单一迭代循环逐渐分解，其数量从最初的 126 个的任务（见图 7.12）到减少到了 61 个（见图 7.11）。通过与计划工程师工程师们针对撕裂后所形成的决策组团（任务块）进行了讨论和审查。他们指出，虽然撕裂后矩阵中仍然有一个涉及任务较多的决策组团，但是该决策组团中的计划任务基本上都属于三个上级计划任务，且这三个上级计划任务在工程实践中也是由多部门合作决策的，这也直接证明了本研究方法的推演结果与实践工程是完全吻合的。同时，被访问的项目经理与计划经理也发现了本研究方法的另外一个优点，他们认为：其实解耦矩阵对他们项目的管理工程也帮助较大，通过解耦之后所形成的大型单一迭代循环其实就是本项目中需要重点关注与管控的工作。而在撕裂阶段，不仅仅进一步地缩小了项目的管理重点，而且撕裂过程中的所有决策过程与决策结果都被记录在案，非常便于进度的分析、跟踪及更新。虽然撕裂决策之后，计划仍然需要跟踪与管理，但通过该过程，项目团队的协同能力得到了较大的提升。

表 7.3　撕裂统计

撕裂判断标准类别	撕裂数量
工程惯例	13
能够依靠经验而提供正确的信息	79
在本项目中，该项计划工作能较容易的完成	37
备选方案不多，能较容易的做出决策	14
在本项目中，该条信息已经由业主提供了	55
公司里面现有的规章制度	31
内部商议决策即可	1

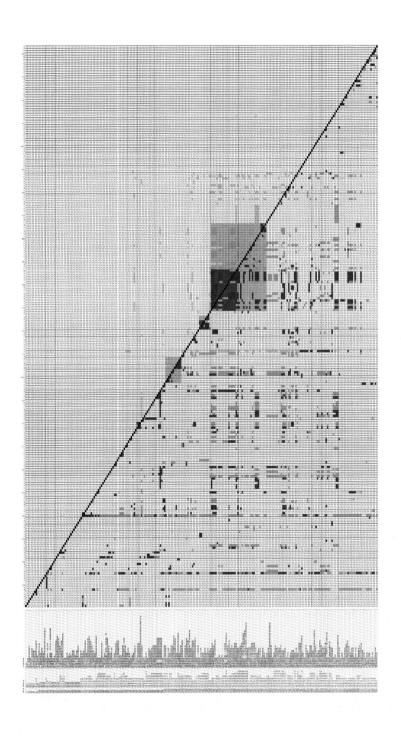

图 7.11　项目乙的撕裂矩阵

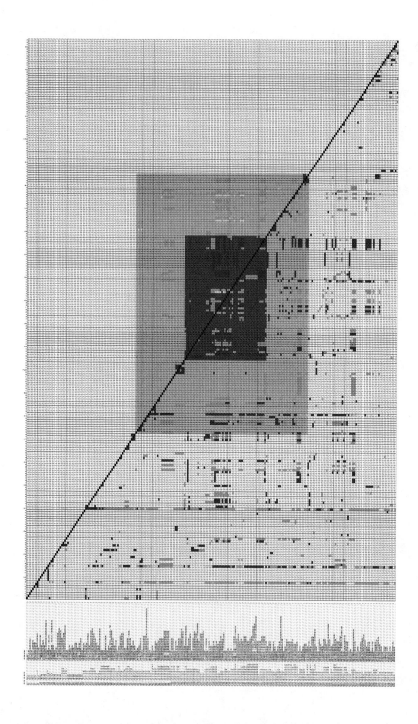

图 7.12　项目乙的解耦矩阵

（3）建造前期计划的成果形式

上节详细介绍了动态协同计划的三个步骤：矩阵创建，矩阵解耦与撕裂。本节重点介绍其成果形式。根据第四章的调研结论：实际工程中，建造前期计划成果形式多样，内容丰富。至此，本研究的成果包括项目计划模型、解耦后的矩阵、撕裂后的矩阵，其都是建造前期计划的成果形式，并分别起到不同的作用。比如项目计划模型可以自动生成建造前期计划任务清单，解耦后的矩阵其实也是建造前期计划成果，可以当成建造前期计划管控重点的战略图，它可以帮助项目经理清楚管控重点，并为组建决策团队提供基础数据依据。撕裂后的矩阵其实即是缩小范围了的计划管控重点战略图也是计划决策成果。而且把撕裂后的矩阵进行输出，并赋予时间参数的话，它就是一份自动优化排序了的建造前期计划横道图，该文件可以在项目工作人员非常熟悉的 Microsoft Project 软件或者 P6 软件中直接阅读、编辑及打印。

7.5　项目乙的应用实证研究结论

通过对这个项目中的计划现状调查发现，建造前期计划的编制与管理在很大程度上依赖计划工程师的经验，同时所编制的建造前期计划中存在大量的"猜测与估计"，并且"猜测与估计"没有得到跟踪和管理。而本研究所创建的项目模型与动态协同计划方法与该项目中所采用的传统方法大不相同，并主要集中在以下几个方面：首先，该项目在编制建造前期计划时，其计划任务清单及任务之间的依赖关系的确定在很大程度上都是依赖于计划工程师的经验。而在新的方法中，计划任务清单及任务之间的依赖关系由项目计划模型自动生成。这不仅极大地减少了计划工程师的工作，也极大地减少了计划工作中的漏项及逻辑关系大量缺失的现状。其次，传统方法中，建造前期计划任务的排序主要依靠计划工程师的个人经验，而新方法中则是通过结构矩阵优化的数学算法与计算机的快速计算能力，自动找出包含不非确定性最少的最优计划决策序列，从而有助于减少主观决策的数量，提高计划的可执行性。同时，所有计划决策过程中都得到了全面的记录、跟踪和管理，使得计划的更新管理与时效性得到了极大的提高。表 7.4 全面比较了新旧两种做法在建造前期计划的编制与管理上的优缺点。

表 7.4 项目乙中的原作法与本研究的新计划方法对比

管理要素	项目乙中的原方法		新方法	
	作法	不足之处	作法	优点
建造前期计划任务清单编制	计划工程师根据个人经验编制	费时且不客观	由项目计划模型自动生成	不仅极大的减少了计划工程师的工作也极大的减少了计划工作中的漏项
确定任务之间的逻辑关系	计划工程师根据个人经验决定	费时且经常性的遗失大量的逻辑关系	由项目计划模型自动生成	节约时间同时极大的减少了逻辑关系的遗失
信息收集和管理	绝大多数信息来自于文稿；信息管理等同于资料管理	一方面计划工程师缺少信息，另一方面，他们又迷失在海量的文稿中	项目计划模型不但显示了所有计划任务所需要的信息，而且指明了从哪里可以得到信息	计划工程师做每一步工作都会清楚的知道需要什么信息，同时也知道从哪里可以得到信息，从而掌控信息的主动权
猜测与估计	猜测与估计的使用没有任何约束	猜测与估计的使用权利被滥用	在矩阵撕裂阶段才非常有限的使用猜测与估计，且一般是通过团队协同与评估的基础上使用	通过高效的信息收集与管理手段以及决策顺序的最优化极大的减少了猜测与估计的使用概率
猜测与估计的跟踪及管理	偶尔、且非正式	全凭个人能力	全过程记录	动态跟踪及高效管理

　　本书的第 4 章曾指出：目前许多工程问题其实都是由于建造前期计划编制与管理不善所造成的。本案例的调研结束同样指向了这样一个结论。事实上，本研究通过翻阅分析工地大量的文件并同相关工程师进行了详细的访谈得出：本项目中有超过 200 个失败的案例是由建造前期计划编制与管理不善所造成的，占据项目的全部失误的 50%以上（设计协

调不畅是项目失败的另一个主要原因）。该些失败案例的背后原因可以大体归纳为四种，并分别总结如下。

（1）不正确的计划决策顺序导致的问题。

在本项目中，从江西运来成都项目部的大树到了工地现场却发生过多批次需要再等待数天才能进行移植的情况，直接导致了部分树木枯萎（见图 7.13）。通过翻阅分析分包给业主的索赔文件并与业主相关责任工程师及总包项目经理的访谈发现：产生该种情况的直接原因是因为现场正在进行室外机电的接驳及场内道路施工，导致施工通道及施工作业面非常狭窄。进一步追踪更深层次原因发现：这所有的一切与建造前期计划决策顺序的不当有直接关系。通过分析本项目的建造前期计划（见图纸）并与相关计划工程师确认：在本项目中，负责室外工程的工程部副经理根据个人经验与方便管理的原则对该施工阶段的施工总平进行了布置，并安排了室外机电分包的施工开挖区域。而负责景观工程的计划工程师则根据他以往的经验确定了使用汽车吊无库存的方式进行景观树的移植，并编制下发了一个非常紧凑的施工计划（一天安排移植 40 棵景观树）给分包及景观树的供应单位。景观施工单位在接到该计划后进行了相应的施工人材物及机械的准备工作，而景观树的供应单位则在江西安排了树木的发货。几天后，按照负责景观工程的计划工程师的施工计划中约定的施工开始时间，景观施工单位安排了 5 台汽车吊，景观树的供应单位则一次性的发了五十几棵景观大树，见图 7.14。然而汽车吊及景观树到了现场后却发现，整个现场都在开挖，最多只能容得下一台汽车吊进行断续的移植吊装工作，其结果产生了如前所述的部分景观大树枯萎现象。

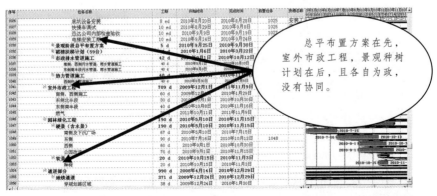

图 7.13 项目乙实际计划方案

图 7.14 等候栽种的大树

本研究在该项目中通过应用动态协同计划方法创建了一个基于信息流的计划任务依赖矩阵，并通过矩阵解耦与撕裂（见 7.1.4 节图 7.11 与图 7.12）对建造前期计划进行分析与管理，结果显示：总平布置、施工方案及施工计划是相互关联和相互依存，需要协同决策，如图 7.15 所示。

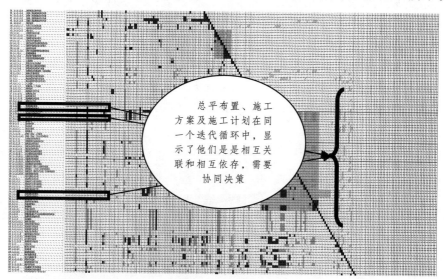

图 7.15 矩阵中的相互关联的活动

（2）由于忽略了建造前期计划中的限制条件造成的问题。

　　本项目是商业综合体，项目进展情况始终是项目经理的重点关注内容。本项目的土方开挖与支护阶段，现场进展顺利，然而一进入底板施工后，其现场进度就明显滞后。项目经理最初根据以往经验认定原因是施工劳动力不足，因此他立即召集分包开会，并在会议中明确要求施工单位增加更多的劳动力以加快进度。然而施工单位却在会议上指出：施工劳动力已经足够。事实上，因为预制混凝土供应能力不足，施工单位目前还有一些劳动力是在"怠工"，没工作可做。项目经理于是开始了一系列的电话询问，最后确定施工单位所反映的情况是真实的，而造成预制混凝土供应不足的原因是因为混凝土运输车辆要通过市中心，速度慢且经常性地"堵车"。进一步追踪更深层次原因发现：这所有的一切与建造前期计划中忽略了施工限制条件分析这一工作有直接关系。通过分析本项目的建造前期计划并与相关计划工程师确认：在本项目中，建造前期计划的任务清单是由另外一个经验丰富的计划主管根据他本人的经验而编制的，而他所编制的任务清单确实遗漏了"施工限制性条件分析"一项。而根据本研究所创建的项目模型是可以自动生成建造前期计划任务清单的。同时，根据本研究的动态协同计划方法所进行矩阵解耦与撕裂之后还可以决定"施工限制性条件分析"这项工作的具体决策位置是在施工方案与编制施工计划之前。项目经理会后要求计划部解决混凝土供应不足影响现场施工进度问题。于是计划工程师才开始进行施工限制性条件分析，并决定选择另外一条运输道路，但随后又发现该条运输道路上有一座简易桥无法承受混凝土运输车的重量，而路桥限高限重在本项目模型所自动生成的建造前期计划任务清单中的"施工限制性条件分析"的下级工作，即"A1743 超长超高超重材料设备的交通系统容量调查分析"。最终，本项目为了解决底板施工及之前的施工运输问题，还是决定是花费一笔资金与时间对该桥进行加固，但却牺牲了几个星期的现场施工宝贵时间。当项目经理、现场管理员以及计划工程师们在参加本研究的应用实证时，明确表示：如果他们在计划之初就使用本项目的项目计划模型及其自动生成的建造前期计划任务清单，他们肯定能提前做好施工限制性条件分析，提前加固运输通道上的桥梁，从而可以保证混凝土的及时供应，也不会发生工地现场因为需要加固桥梁而影响现场进度近一个月的事情了。

　　（3）大量逻辑关系的遗漏而导致的问题。

在本项目中，建造前期计划任务之间的依赖性关系被大量遗漏了。通过翻阅分析工地相关文件资料并与相关计划工程师、现场工程师以及总包项目经理的访谈表明：现场大量的问题就是由于任务之间的逻辑关系被大量地遗漏了而导致的。比较典型的一个案例就是工地现场进入精装修阶段后，各工种相互交叉施工，却无人梳理该些工种之间的逻辑关系，也没有相应的场地使用计划与无相应的成品保护措施，最终导致现场发生多次原材料和安装的产品被损害的情况。其中最严重的一次是中庭下方正在进行跨层扶梯的机电配线施工，而扶梯上方却在进行吊顶龙骨的焊接工作，最后火花掉落到了扶梯内部引起了大火事件。计划工程师与项目经理在总结经验教训时有大量篇幅对建造前期计划任务之间的依赖性关系被大量遗漏一事进行了反复检讨。而当项目经理、现场管理员以及计划工程师们在参加本研究的应用实证时发现：本研究的项目计划模型不仅仅能自动生成计划前期任务清单。更重要的是，任务之间的所有逻辑关系也得到了模拟并能自动生成。被参与者一致认为有效地管理和模拟这些依赖关系，并以此确定相关的协同要求，是建造前期计划工作中最重要的内容。而本研究相对成功地解决了以上所有需求，因此他们对本研究的模型与方法极其重视，反复询问本方法的市场推广计划与预期价格，并表示了购买与后期合作的极大兴趣。

（4）由于缺乏协调性而导致的问题。

在这个项目中有许多因为缺乏计划协调造成返工的情况。其中消防水管安装和风管安装之间的协调不力造成大量的现场返工就是其中的一个典型案例。一般来说，消防水管通常在空调风管的上方，其安装也因此通常在空调风管的安装之前。然而本项目因为工期紧，为了满足2012年春季开业，现场各工程全面进入抢工阶段，各工种进行了大交叉施工。消防水管与空调风管被安排了紧凑性的同向流水施工（空调风管不等消防水管通层或者通区安装完成才开始，而是空调风管与消防水管进行相对同时同向施工）。从理论上来说，只要保证空调风管与消防水管的施工协同性（保证施工同向性与相对统一的施工节奏）这种相对平行施工是可行的。然而，在这个项目中，空调风管施工单位与消防水管施工单位之间的协调不足，分别从两个相反的方向开始了各自的安装工作，而实际上计划工程师在制定计划认为这二家施工单位肯定会从同一施工地点开始施工，并按照相同的流水方向进行，不会"愚蠢到这点最起码的协同意识都没有"（被访谈的计划工程师原话）。实际上，在本项目中，诸如此类的协同问题反复出现，导致了大量的现场返工。本案例也一样，这种错误发现之后的几天内都没有人发现，直到大量的风管安装完成后，消防水管也完成了自己施工方向的大量水管后施工至空调风管已安装区域后才发现，他需要安装消防水管的位置已经全部安装完成了大量的空调风管，他们已无法进行消防水管的安装了不能安装空调风管，因为安装完成了的空调风管占据了消防水管的安装空间。最终消防水管施工单位负责人不得不暂停其工作，并上报给项目经理。项目管理团队花了数天的时间调研分析后，决定拆除这些已经安装了的空调风管，以腾出空间给消防水管的安装，并等待消防水管安装完成后再重新安装然空调风管调。

（5）局限和建议。

虽然本研究创建项目计划模型及动态协同计划方法具有一定的优势，但是参与本研究应用与实证的项目经理及计划工程师们也指出了本研究需要解决的一些问题：

① 项目计划模型的创建是需要经验丰富的计划工程师通过对通用建造前期计划模型的进行校正与修改。该阶段工作对计划工程师的综合素质要求较高，且需要半天左右的时间来校正与修改，还是显得不够智能，即使项目经理与计划工程师们也认为在建造前期计划编制开始阶段花半天左右的时间对本项目特点进行分析与思考从而完成通用模型的校正与修改是有价值的。有计划工程师则建议：是否能对工程类别进行分类，并分别建立不同工程类别的"通用"建造前期计划模型库，比如商业综合体建造前期计划模型，住宅建造前期计划通用模型等，如此这般则可以从模型库中选择相似类型的模型进行项目计划模型的创建从而节约的时间提高通用模拟的代表性。

② 矩阵撕裂阶段需要依赖计划工程师及团队的经验。受访问者建议是否可以建立一个矩阵撕裂知识库，以方便在新项目中能更好的、更高效的利用过往的成功与失败经验。

总体而言，参与本项目应用与实证的工作人员对本研究所创建的建造前期计划模型及动态协同计划原理与方法的实际效果进行了非常正面的肯定，并表达了购买与合作的极大兴趣。

8 广义计划学在工程项目中的应用案例
——成都 A 公司某城市综合体项目丙

8.1 项目概况及研究方法

项目丙位于成都市二环路东五段，地处成都东湖商业核心处，毗邻万达广场，总建筑面积为 143 151 m²，包括两幢 26 至 28 层高的办公楼综合楼。

该项目在营建方式上仍然采用了传统的设计-投标-施工的模式，图 8.1 说明了项目的主要合同关系。但在具体操作上与项目乙稍有不同，该项目的业主首先是签约了一家工程项目管理咨询公司负责投标文件中的技术标的编写，参与商务标的谈判，并代表业主进行了整个建造过程的管理。应业主要求，该项目管理咨询公司同样设置了专门的计划部以统筹协调各参建单位的各项计划工作。本研究从 2011 年 5 月开始，对该项目进行了为期一个半月的调查及通用模型与协同计划方法的应用实证。当时该项目正处于施工高峰期。该部分研究仍然沿用了项目乙中相同的研究方法与程序，此处不再赘述。

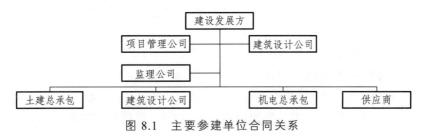

图 8.1 主要参建单位合同关系

8.2 项目丙实践中计划使用的方法和存在的问题

业主对该项目的定位是"快速开发，快速销售，快速回笼资金"。业主期望引入专业的工程项目管理咨询公司来实现"三个快速"的落地，并在合同中明确了项目管理咨询公司的进度管控职责与相关计划部的组织架构与人员配置要求。该项目的建造前期计划过程同样涉及了一系列的公司，并产生了大量各类格式化的计划成果。具体分类如下：

（1）总控计划。该计划由项目管理公司编制，其目的是为了提高整个项目的工期管理，实现业主的"三个快速"总体目标，如图 8.2。

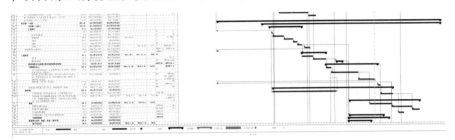

图 8.2　总控计划

（2）设计图纸及图纸会审计划。该份计划是设计公司根据项目管理公司的总控计划而编制的出图计划。所使用的计划软件仍然是 Microsoft Office Project 2003（图 8.3）。

27	⊟ 设计图纸提供及图纸会审（不包括深化设计图）	1 d	2011年2月16日	2011年2月16日
28	土建类	1 d	2011年2月16日	2011年2月16日
29	钢结构	1 d	2011年2月16日	2011年2月16日
30	机电类	1 d	2011年2月16日	2011年2月16日
31	幕墙类	1 d	2011年2月16日	2011年2月16日
32	园林景观类	1 d	2011年2月16日	2011年2月16日
33	小市政类	1 d	2011年2月16日	2011年2月16日

图 8.3　设计图纸及图纸会审计划

（3）分包商的计划。有本项目中有超过 100 份以上由分包单位编制并上报到项目管理公司备案的各类计划。通过整理分类，这些计划文件大致可以归纳成 15 种类型，包括：① 分包商的分项工程进度管理手册；② 分包商的进度管理流程及纠集上报程序；③ 分包商的分项工程总控计划；④ 月工作报告；⑤ 进度网络图；⑥ 分项工程进度风险分析报告；⑦ 劳动力计划和劳动力配置表；⑧ 资金计划；⑨ 设备计划；⑩ 材料加工计划；⑪ 安全文明施工计划；⑫ 环境保护计划；⑬ 安全教育计划；⑭ 生产保障计划；⑮ 分项工程节点计划。

（4）主要材料和设备采购计划：该份计划由项目管理公司、业主、专业分包及相关供应商共同协商编制而成。其编制的依据是项目管理公司的总控计划。其目的是为了更好地协调场地使用计划、机械机具租赁计划以及紧前紧后的各专业施工计划。

（5）A公司项目丙进度管控实施方法。该份文件是项目管理公司编制并下发给各参建单位，文件含了以下三部分内容：① 工程项目管理实施手册；② 工程项目管理实施细则；③ 工程项目管理流程。其目的是为了搭建整体计划管控框架，统一行动。在该份文件中发现了部分对计划编制的成果形式及计划会议的召开时间所提的具体要求的文字描述。

相比较本论文的第一个案例，在该案例中项目管理公司对计划过程的重要性有了初步的认识并形成了一些简单的实质性成果。但在本案例中，还未发现相关计划过程管理的实质成果文件。虽然，在本项目中未留下计划管理相关实质性成果文件，但本论文作者还是非常想知道是否在实际工作中，项目的主要参与单位是否存在事实上的计划管理，只是未能形成正式的书面文件，因此笔者对计划工程师们如何在实践中管理他们的计划进行了调查。通过对项目管理公司的项目经理与计划工程师的访谈发现本项目中虽然有一个叫计划部的单独部门级别的编制，但仅有三个计划工程师，其中二位还是刚毕业的大学生。项目经理表明，公司一直想让计划部承担更多的工作，也一直在市场上招聘计划经理与相应的计划工程师，但未能找到合适的人选。而与该计划工程师的针对如何编制计划与计划管理方面的详细访谈则发现，在制定建造前期计划时候计划工程师主要是依靠经验进行。计划工程师首先把自己公司所承担的几个类似项目进行工期对比，而后大概估计一下确定了该项目的几个主要阶段的工期，并与甲方讨论以 WORD 形式形成了总体计划。之后，该计划工程师根据该份总计划和自己的工作经验，在 Microsoft Office Project 软件中直接对该总计划进一步细化，其实无非就是细化一下施工工作，比如说把总计划中的"主体结构施工"分散成"一楼主体结构施工"，"二层主体结构施工"等更细节的施工工序。至于任务之间的逻辑关系则采取"想到了，就加上，没想到就算了，反正没人看"。

通过与现场管理人员的深度调研并查询工程相关文件发现，虽然业主以合约的形式对项目管理公司的进度管理职责进行了约束，项目管理公司除了成立了专门的计划部，其项目经理也花了相当多的精力在计划编制与管理上，充当了实质的计划经理角色。但有关计划管理方面的文件成果较少。只是在"A 公司项目丙进度管控实施方法"的开篇中提及了建造前期计划的管理问题，却没有提出相应的措施。计划工程师们对未进行建造前期计划管理的理由有很多，比如认为是"没有时间去做""没有人可以做到这一点""所有的事情都在脑中，只是没有写下来""不知道该怎么做""业主并不需要做"。不管建造前期计划相关的管理工作没有被记录在案的原因是什么，本研究所关注的关键问题是：① 计划工程师是如何收集和管理他们的信息。② 他们是如何跟踪管理计划过程中的"猜测"与"估计"。本研究通过与现场管理人员的深度调研并查询相关文件资料，得出结果归纳如下：

① 建造前期计划所需的大部分信息来自于设计文件，招标文件以及合同文件等。项目管理公司在时候也会通过召开会议的形式进行信息收集与发布。

② 关于信息管理，其管理方式类似于项目乙上所采用的方法，即文档管理方法与会议方法。其中文档管理方法主要是指项目文件的分类编码和登记入册，而会议方法则是指项目部通过采用召开各种正式或非正式的会议来进行信息发布与信息沟通。

③ 关于计划过程中"猜测"与"估计"的跟踪与管理。在本项目中，调研显示：项目管理公司在计划编制的过程中经常使用"猜测"与"估计"法，但却管理不善。虽然该项目管理公司的项目经理也意识到了建造前期计划中大量滥用"猜测"与"估计"的后果。但他同时也抱怨说，他及他的团队非常忙于解决"现场问题"，而没有时间来跟踪、检查和管理那些以前作出的"猜测"与"估计"。

8.3　基于结构矩阵算法的动态协同计划方法在项目丙中的应用

动态协同计划方法的工程应用包括：矩阵创建，矩阵解耦与撕裂。本研究在项目乙中已经详细的介绍了以上三个步骤的具体应用方法，本案例中也采用了同样程序与方法，此处不再赘述。

首先，在矩阵分析工具 ADEPT 软件中导入项目计划模型中的信息依赖表，生成本项目的原矩阵（见图 8.4）。图 8.4 显示了本项目解耦之

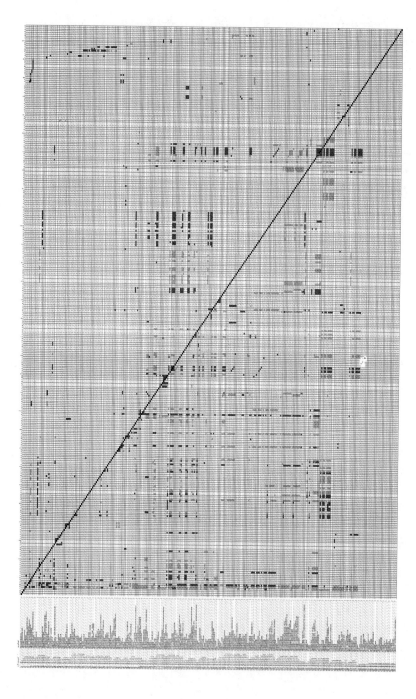

图 8.4　项目丙的初始矩阵

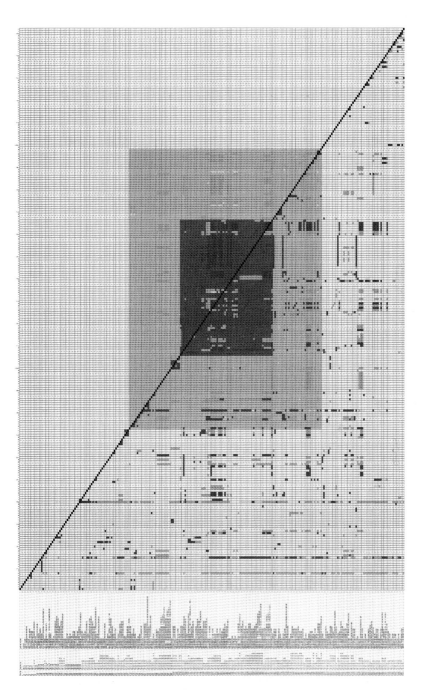

图 8.5　项目丙的解耦矩阵

后的矩阵。解耦结果表明：在这个项目中有超过 38%的计划任务是在一个单一的迭代循环内。与项目管理团队的讨论认为，这样的大规模耦合任务仍然很难进行管理。因此，下一步工作需要对解耦矩阵中的大型单一迭代循环进行进一步的分析与撕裂。通过团队智慧商议对其中的一些 A 级反馈信息进行估计并调低反馈的级别，使得大型单一迭代循环逐渐分解，初步形成小型决策组团，其块内的任务数出从原来的 113 个减少到 38 个，共有 280 个迭代循环得到了撕裂，同时每个撕裂的分类和理由都被一一记录在案。撕裂理由同样被分为七组，如表 8.1 所示，撕裂结果如图 8.6 所示。

表 8.1　撕裂的信息分类汇总

类　别	撕裂的信息数量
工程惯例	3
该信息可以通过经验估计	77
在本项目中，因为特殊的地理位置，该工作能较容易的得到处理	47
备选方案非常有限，因此能较容易的确定	16
在本项目中，该条信息已经写在了项目文件中了	49
在本项目中，分包介入较早，已经提交了相关该信息文件资料了	56
可以现场灵活处理	32

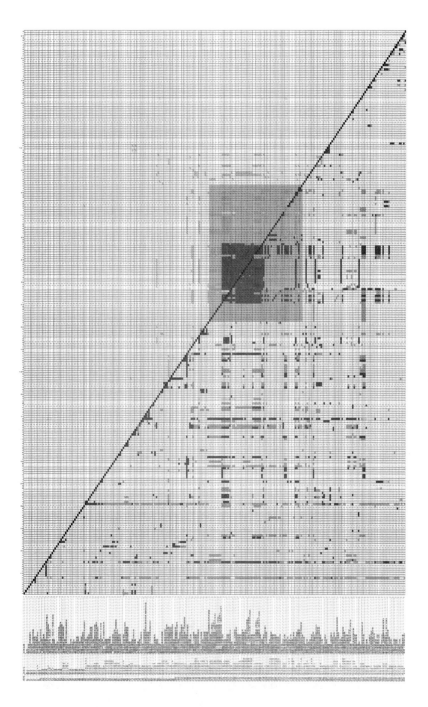

图 8.6 项目丙的撕裂矩阵

8.4　项目丙的应用实证研究结论

前面两节不仅对该项目中的现行做法进行了深入分析，而且对本研究所创建的项目模型及动态协同计划方法在该项目中的应用实证情况进行了详细的介绍。表 8.2 全面比较了新旧两种做法在建造前期计划的编制与管理上的优缺点。

表 8.2　项目丙中本研究的新计划方法和传统做法对比

管理要素	项目丙中的原方法		新方法	
	作法	不足之处	作法	优点
建造前期计划任务清单编制	未做（计划的输出形式是按照客户的要求来做的）	一些计划任务遗失(比如现场调研）	根据项目特点对通用模型稍加修改即可	节约时间同时避免很多主观决策
确定任务之间的逻辑关系	未做（计划的输出形式是按照客户的要求来做的）	大量的逻辑关系遗失	通用模型中已经包含了所有的任务之间的逻辑关系	节约时间同时避免很多主观决策
信息收集和管理	绝大多数信息来自于文稿，信息管理等同于资料管理	类似项目乙，一方计划工程师缺少信息,另一方面,他们又迷失在海量的文稿中	具体模型中明确了执行一个活动需要什么信息以及信息从那里来	计划工程师做每一步工作都知道需要什么信息做决策及从哪里可以得到信息。从而掌控信息的主动权
猜测与估计	基于估计的决策没有任何约束	基于估计的决策权利被滥用	确实需要凭经验进行先行决策时才这么做	通过高效的信息收集与管理手段以及决策顺序的最优极大的减少了估计决策的发生概率
猜测与估计的跟踪及管理	未做	所编制的计划具有高度不确定性	有记录	高效管理

本研究通过与相关工程师详细访谈并翻阅分析相关文件得出：本工程中的许多工程问题其实同项目乙类似都是由于建造前期计划编制与管

理不善所造成的。虽然由于在这个项目中的文档管理情况比较差，笔者无法得出建造前期计划不善而导致的项目失败的比例统计数据。但也同样存在典型的建造前期计划不善而导致的现场问题，其中本项目中的一个重大的工期延误就是因为建造前期计划遗漏了关键计划任务而造成的。根据成都 A 公司项目丙项目部的业主向 A 公司总部的汇报文件（见图 8.7），在本项目中，一共发生了三次重大的工期延误事件，其中有二次是由于重大设计变更所引起的，还有两次是由于工程管理失误所造成的。由于设计变更不在本次研究的范围，本研究主要针对工程管理失误导致工期延误的案例进行深入剖析。

项目工期案例分析

类别	事项	工期影响	备注
工程管理	裙楼中段结构封顶延误	3个月	
重大设计变更	东立面幕墙方案调整	影响幕墙8个月	
	冬天花园钢结构取消部分横撑	2个月	

图 8.7　汇报文件摘录

首先，如图 8.7 所示，表中第二例事项中有"裙楼中段结构封顶延误"，而对应是的工期影响"3 个月"。通过访谈业主项目经理以及项目管理公司的项目经理与计划工程师并查阅了相关文件发现："裙楼中段结构封顶延误"的主要原因该施工期间的劳动力大量流失。进一步追踪劳动力大量流失的原因，发现该施工期间刚好处于成都的冬季，天气较冷，而工地现场却只给工人提供了非常简陋的住宿条件，连板房都没有，仅仅有彩条布简单地围了一下（见图 8.8），最终导致大量工人因为住宿条件太差而大量流失（见图 8.9）。而该问题的更深层次的原因却是项目管理公司的项目部在编制建造前期计划时遗漏了施工人住宿条件调研这一重要任务。当项目部发现此情况后，虽然马上启动了应急措施，一方面在周边民居租房，一方面开建大量的民工临时板房，但 2000 多工人的住宿问题以及施工人员的重新组织到位还是耽误了本项目 3 个月的工期。当业主项目经理、项目管理公司的项目经理及计划工程师们在参加本研究的应用实证时发现，本研究的项目计划模型以及所自动生成计划前期任务清单中清楚的显示"工地周边住宿情况调查"以及"提供住宿"（见图 8.10），他们纷纷表示如果他们在计划之初就使用本项目的项目计划模型及其自动生成的建造前期计划任务清单（见图 8.11），他们肯定不会遗漏了如此重要的计划任务，从而也不会出现如此重大的工期延误事件了。

图 8.8　现场住宿条件

裙楼主体结构封顶时间延误

原因分析：
工人住宿条件差，造成11月/12月大量工人流失
改进措施建议：
结合成都冬期气候寒冷的实际情况，在招标中明确临时设施的标准

图 8.9　现场关于工人流失报告

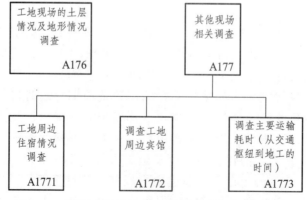

图 8.10　模型中关于工地周边住宿情况调查的部分

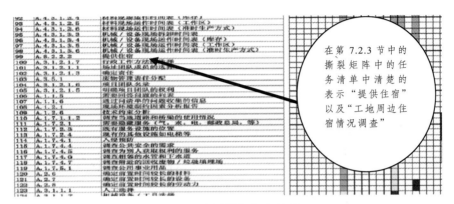

图 8.11　计划前期任务清单

关于局限与建议方面，虽然本研究创建项目计划模型及动态协同计划方法具有明显的优势，但是参与本研究应用与实证的项目经理及计划工程师们提出如果这个方法能够基于 Web 的技术而得到进一步的发展，实现计划工作的网上办工与协同，将会使该方法与技术更具吸引力。

9 广义计划学在工程项目中的应用案例
——江西赣州 A 公司某城市综合体项目丁

9.1 项目背景

赣州某城市综合体项目位于赣州市章江新区，项目地处西南临登峰大道，东南倚新赣州大道，项目占地 19 万 m^2，建筑面积 56 万 m^2。集写字楼、酒店、购物中心为一体的城市综合体，内设百货、餐饮、零售、溜冰场、电影院和美食广场。

该项目在营建方式上采用的是设计和建造模式，图 9.1 说明了该项目中的关键的合同关系。业主任命了 A 公司建筑有限公司做为项目代建公司代表业主对本工程进行了统一的管理与协调。建造前期计划的编制与管理也是由 A 公司建筑有限公司负责，该公司也从事了第一个案例的建造前期计划编制与管理工作，其项目经理也参与了第一个案例的应用与验证工程，与笔者已经比较熟悉，对新方法也已经有了一定的理解。本研究从 2011 年 11 月开始，对该项目进行了为期七天的调查及通用模型与协同计划方法的应用实证。当时该项目设计正在进行，还未开始施工。

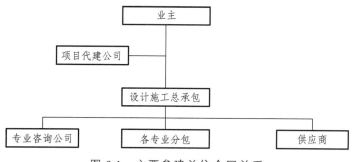

图 9.1　主要参建单位合同关系

9.2　研究方法

本项目的代建公司项目经理是笔者在项目乙已经认识的工作人员，他对本研究很有兴趣，但赣州某城市综合体项目的其他工作人员对本研究的方法未曾接触也不了解。该项目经理在应用与验证开始时特别组织了一个专题介绍会议，并要求其项目管理团队积极配合笔者的工作，因此，该部分研究仍然沿用了项目乙中相同的研究方法与程序，此处不再赘述。

9.3　项目丁实践中计划使用的方法和存在的问题

事实上，在笔者开始该项目的应用与实证之前，A 公司建筑项目丁项目部的计划工程师们已经编制了一个初步的节点计划以及建造前期计划。其中节点计划采用了 Microsoft Office 2003 自带的 EXCEL 软件编制而成，如图 9.2 所示，而建造前期计划的编制与管理工作则是采用了专业的 Microsoft Project 1998 软件，如图 9.3 所示。

赣州项目里程碑计划

类别	项目	时间
设计	总体规划/概念方案	2012.2.15
	方案设计	2012.3.15
	扩初设计	2012.5.15
	开挖图	2012.2.15
	基坑支护设计	2012.2.15
	桩基础施工图	2012.3.15
	地下室结构施工图/机电预留预埋图	2012.4.30
	地上结构施工图/幕墙预埋图	2012.6.30
	地下机电施工图	2012.6.30
	地上机电施工图	2012.7.31
	幕墙施工图	2012.8.31
	室内设计图	2012.10.31
	室外园林景观施工图	2012.12.31
报建	总体规划报批	2012.2.28
	方案报批	2012.3.31
	提前施工许可	2012.2.15
	土地规划许可	2012.3.31
	工程规划许可	2012.4.15
	施工许可	2012.4.30
	预售许可	2012.9.30
	商业消防验收	2013.10.31
	商业竣工验收	2013.12.31
施工	围墙开始	2012.1.15
	初步勘察	2012.1.15
	支护桩开始	2012.2.15
	土方开挖	2012.2.15
	工程桩开始	2012.4.1
	底板施工开始	2012.5.15
	地下室封顶	2012.7.31
	商业主体结构封顶	2012.10.31
	商业幕墙封闭	2013.2.28
	商业室内精装修开始	2013.3.1
	商业租户进场	2013.5.1
	商业开业	2013.12.31
	住宅封顶	2013.1.15
	临时售楼处开放	2012.8.8
	样板房开放	2012.9.28
招采	围墙、勘查、土方定标	2012.1.10
	边坡支护定标	2012.1.31
	工程桩定标	2012.3.31
	土建定标	2012.4.30
	机电定标	2012.4.30
	幕墙定标	2012.6.30
	精装修定标	2012.11.15
	园林景观定标	2012.1.15

图 9.2 项目丁团队编制的建造前期计划（Excel 表格形式）

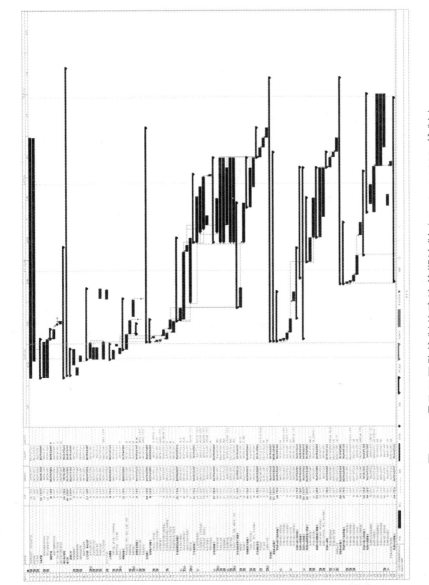

图 9.3　项目丁团队编制的建造前期计划（Project 1998　编制）

9.4 DSM 技术对建造前期计划管理的应用和评估

项目丁的应用与实证同样经过三个步骤：矩阵创建，矩阵解耦与撕裂。项目乙中已经详细的介绍了以上三个步骤的具体应用方法，此处不再赘述。

（1）创建矩阵。

本案例的目的是讨论本研究的项目模型及动态协同计划方法在项目前期的应用与实证情况，而本项目刚好处于前期准备阶段，现场施工还未开始，项目部所关注的也是较高级别的建造前期计划。为此，笔者与现场计划工程师们一起决定了该项目模型的级别，如图 9.4 所示。而最后产生的项目模型中包括 58 个高级别的计划任务和 1456 个信息要求。接着，在矩阵分析工具 ADEPT 软件中导入项目计划模型中的信息依赖表，生成本项目的原矩阵（见图 9.5）。

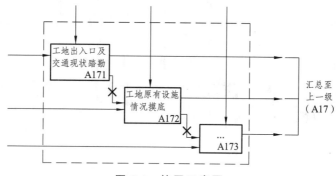

图 9.4 协同示意图

（2）矩阵解耦及撕裂。

图 9.6 则显示了本项目解耦之后的矩阵。解耦结果表明：这个项目中有 43%的活动在一个单一的迭代工作循环内。与项目管理团队的讨论认为，这样的大规模耦合任务仍然很难进行管理。因此，下一步工作需要对解耦矩阵中的大型单一迭代循环进行进一步的分析与撕裂。通过团队智慧商议对其中的一些 A 级反馈信息进行估计并调低反馈的级别，使得在该任务块内的任务从 37 个减少到 14 个，共有 88 个迭代循环得到了撕裂，与计划工程师们的进一步讨论认为无需进行进一步的撕裂操作了，这种范围的矩阵已经能够轻松管理。撕裂结果见 9.7 同样每个撕裂的分类和理由都被一一记录在案。撕裂理由分为四种见下表 9.1。

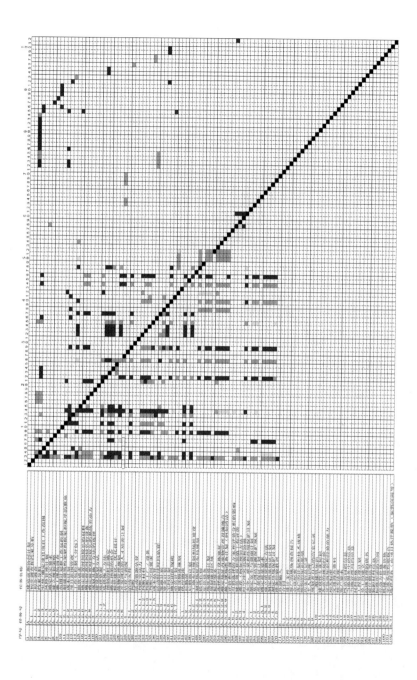

图 9.5 项目丁的初始矩阵

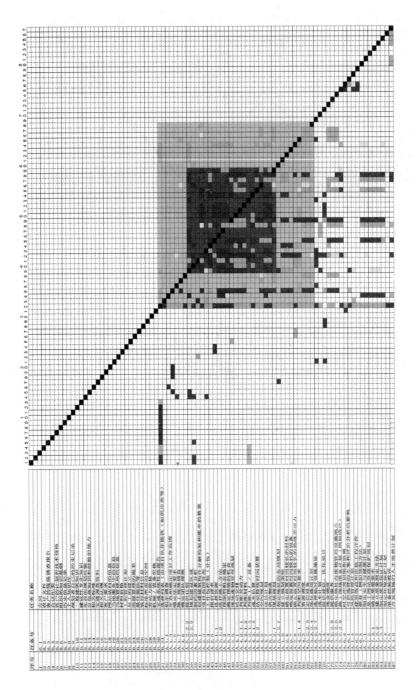

图 9.6 项目丁的解耦矩阵

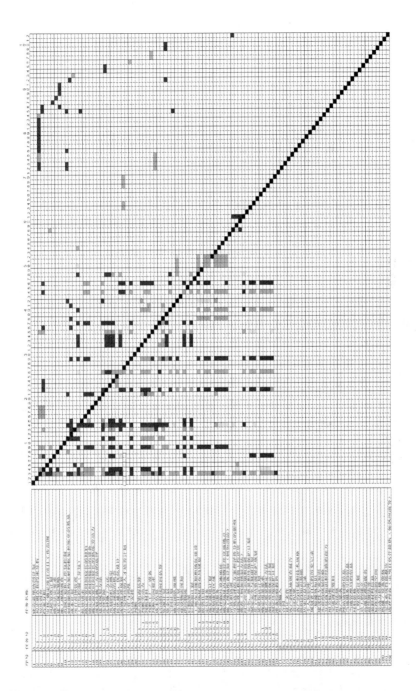

图 9.7 项目丁的撕裂矩阵

表 9.1 撕裂统计

撕裂判断标准类别	撕裂数量
工程惯例	12
能够依靠经验而提供正确的信息	16
在本项目中，该项计划工作能较容易的完成	36
在本项目中，清单是由设计公司提供	24

9.5 项目丁研究发现

虽然项目丁中的代建公司项目经理全程参与了项目丁的应用与实证工作，对建造前期计划漏项及逻辑关系的大量遗失的教训记忆深刻，在本项目中特别针对建造前期计划的编制提出来了大量的要求，并特别整理成都某城市综合体的原始计划文件并下发给了赣州某城市综合体项目部的计划工程师们做为计划模板使用。但事实上，他的计划工程师们仅仅只能在计划漏项方面进行了较大的改善，仍然没有解决任务之间的逻辑关系大量遗失的问题，也没有解决计划决策时的信息定位问题（即计划工程师们在进行某一计划任务时，仍然不知道需要哪里些信息，也不知道何处可以得到这些信息）。因此，在本项目的建造前期计划编制过程中仍然大量地出现了"猜测"与"估计"。其次，该项目经理虽然反复要求他的计划工程师们要全面考虑计划决策的顺序问题人，但当上百个决策涉及千条信息流需要决定时，仅仅依靠"反复要求"的行政式命令以及人脑计算是无法做到决策顺序的最优化的。通过该项目的应用与实证也再次让该项目经理对本研究的模型与方法产生的强烈的合作与购买意愿。

10 案例应用结果讨论与分析

为了检验建立的通用建造前期计划模型的适用性，将模型应用到三个工程案例当中。在对这三个工程案例的应用研究结果总结的基础上，进行交叉案例分析，并将其与文献回顾的结论相互对照和印证，从而得到了以下的结论。见表 10.1。

表 10.1 文献和案例研究结果对比

	文献回顾结果	案例研究发现	结论
现场实践	忽略了建造前期计划过程的计划和计划过程的评估，信息收集的方式和计划的准备方式以及混乱的信息管理方式是计划存在问题的主要原因	① 建造前期计划的计划过程要么非正式的存在于现场当中，严重的依赖于计划者的经验，要么被直接忽视 ② 在案例研究中发现现场没有进行计划过程的评估 ③ 信息收集和管理很薄弱，现场中的信息收集是被动的，被认为就是文件管理 ④ 计划的准备和信息管理的混乱导致了关键任务的缺失，或者任务执行顺序错误	文献研究结果和现场的案例调研结果基本一致，虽然存在非正式的建造前期计划，但是这些计划存在很多问题
	网络技术在目前应用得很广泛，但是他们不适合管理计划的迭代性质。	现场采用了一些不同的方法来支持建造前期计划的管理，比如流程图、Microsoft EXCEL 和 Microsoft Project	现有方法不能管理计划过程
	估计方法用的很多但是缺乏管理	估计方法用的很多但是缺乏管理	估计方法用的很多但是缺乏管理
存在的问题	建造前期计划过程并没有获得充分的理解	现场的专业人员知道建造前期计划过程的迭代特性，但是却没有合适的方法来处理	虽然存在一些问题，但最近20年也取得了一些进展

续表

	文献回顾结果	案例研究发现	结论
存在的问题	虽然花费了大量的精力和资源但是现场的建造前期计划并不实用	虽然制定计划花费了大量的人力和资源，但是现场很多问题都是由于计划太糟糕导致的	结论基本一致
	当前的建造前期计划模型要么太宏观要么只是专注于具体某个方面	一些计划者使用以前项目的计划方案和流程图作为模板基础来制定新的计划，但是由于以前的计划存在的问题就很多，因此作用不大	没有充分的利用最近的研究成果
	建造经常是在无计划的情况下执行的，计划及其过程控制与信息流管理无关	参与案例调查的现场工程师都了解计划的重要性，建造应该根据计划来进行，但是现场发现计划控制和信息流管理无关	虽然计划的角色和信息流管理分开了但是近年来还是取得了一定的进展
关键问题	需要模拟建造前期计划过程	案例研究表明模型能够帮助计划者理解计划过程	文献回顾确定了研究内容
	建立一个能够便于追踪和管理估计的方法	案例研究表明新的方法能够很好的追踪和管理估计	文献回顾确定了研究内容
	建立一个能够管理和计划整个建造前期计划过程的方法	案例研究表明采用新方法许多的现场问题都可以避免	文献回顾确定了研究内容

10.1 三个案例的现状调研结果对比

前面一章已经讨论过三个案例中现场使用的计划方法，表 10.2 中将这些方法做了一个比较和汇总。

表 10.2　三个案例现场使用的计划方法对比

方法	项目乙	项目丙	项目丁
建立一个计划活动清单	高级计划工程师通过经验确定计划任务	没做（计划输出的形式是按照客户的需求来输出的）	计划团队开发了一个项目管理清单，部分计划活动使用了以前的方案作为模板
确定活动的优先顺序	高级计划工程师根据经验确定计划活动的优先顺序	没做（计划团队宣称他们是在头脑里完成这个任务）	计划团队通过以前的项目的计划模型决定了活动的优先顺序
信息收集和管理	大部分信息来源于项目输出，信息管理等同于文件管理	大部分信息来源于项目输出，信息管理等同于文件管理	大部分信息来源于项目输出，信息管理等同于文件管理
建造前期计划的方案产生	高级工程师通过经验制定	无文件记录	项目管理方案的一部分
估计产生	计划工程师凭空想象	计划工程师凭空想象	计划工程师凭空想象
估计的追踪和管理	偶尔和非正式	没做	没做
建造前期计划的输出形式	流程图，项目管理指南中一个非常简单的建造前期计划方案	项目管理指南中只有一个句子	一个项目管理方案，包括部分计划活动和项目管理指南

从表 10.2 中明显可以看出，应用在这三个案例当中的方法明显不同，首先，在项目丙中没有明显的建造前期计划，而在项目乙和项目丁中的项目计划团队制定了一个很简单的建造前期计划。其次，在项目乙和项目丁中，列出了计划活动的清单和决定了活动的顺序，而在项目丙中这两者都未见。最后，在项目丙和项目丁中都没有对估计进行跟踪和管理，而在项目乙中这是以一个非正式的形式在进行。然而，这三个案例也有一些相似之处：① 当前使用的计划方法严重依赖于计划者的经验；② 在目前的实践中，常常用到估计方法，但是这些估计都没有得到跟踪和管理；③ 用于计划和管理计划过程的技术是流程图，微软 Excel 和微软办公项目软件。然而，案例研究表明，那些工具都不适合计划和管理计划迭代的性质。

10.2 DSM 技术的应用和评估

支持建造前期计划过程的管理的 DSM 技术的应用包括三个步骤：开发一个专用模型、创造矩阵和矩阵分析、编制建造前期计划。表 10.3 对这些步骤进行了总结和归纳，指出了这种新方法的优点和局限性，而表 10.4 是对这三个案例的矩阵分析结果的一个对比。

表 10.3 新方法的总结

步骤	方法	优点	局限性
开发一个计划清单并且制定计划活动的优先顺序	根据建造前期计划通用模型来开发一个具体项目模型	帮助计划工程师了解计划中需要包括什么活动，需要什么样的信息以及这些信息来自于哪里.	具体项目的模型开发是比较耗时的，而且也依赖于计划工程师的经验
计划活动的优先顺序的确定和确定团队协作的重点	矩阵解耦和撕裂	计划活动的优先顺序产生，矩阵撕裂是由团队共同完成因此提高了计划的协调性	耗费时间，矩阵撕裂需要时间，且需软件的帮助
计划计划的过程	对计划活动排序并确定时限，标出方案中的循环活动且确定方案细节	建造前期计划的优化方案能够在横道图、或者 P3 软件中得到显示	每个活动所需要的时间需要手工输入且依赖于计划工程师经验。
整合项目管理方案	将建造前期计划方案与其他建造项目管理活动整合起来	为整个项目管理提供解决方案。	项目管理的方案整合要求手工输入，且依赖于计划工程师的经验。

表 10.4 三个案例矩阵分析结果的比较

	项目乙	项目丙	项目丁
解耦之后任务循环的比例	41%	38%	36%
信息撕裂的数量	230	280	88
撕裂之后循环的数量	6	7	4
解耦之后的最大循环中最任务数	126	113	37
撕裂之后的最大循环中最任务数	65	75	23
撕裂后循环中任务数的比例	24%	21%	14%

表 10.4 显示项目丁只有 88 个分类，项目乙和项目丙分别有 220 和

280 个分类。这是因为项目乙和项目丙的项目具体模型是活动水平的模型，项目乙包括 197 个活动，3386 个信息需求，而项目丙包括 204 个活动和 3508 个的信息要求，而项目丁是系统级别模型，包括仅 58 个活动水平和 1456 个信息要求。

将这种支持建造前期计划管理的新方法应用到三个案例中，用案例来检测这种新方法，可以发现这种方法的诸多好处，比如可以帮助解决第 5 章提出的一些问题，同时又可以站在工业界的角度来观察这种方法的局限性。这有助于展示这种支持建造前期计划管理的方法应用的整体情况。

10.3 新方法的优点

案例研究发现，有许多由于建造前期计划的管理混乱造成的现场问题可以通过应用的通用模型和方法来避免或减少。表 10.5 中展示了在这三个项目中出现的问题，并提出和说明这种新方法是可以克服它们的。

表 10.5 新方法中可以解决的问题和其原因

原因种类	实际问题			新方法的优点
	项目乙	项目丙	项目丁	
对限制条件缺乏考虑	在建造开始时候由于没有考虑非现场的路径和桥梁，导致建造的造价超支和延迟	由于缺乏对建筑垃圾处理现场的调查（将建筑垃圾运往远处处理场，实际上建筑工地附近就有一个）造成了从而导致垃圾清运费的提高.	项目丁才开始	根据计划通用模型创建项目的具体的模型能够减少错误，帮助计划工程师弄清楚计划中包括那些内容
	由于对建造空间缺乏考虑导致繁忙季节期间的建筑结构建造延迟			
缺乏估计管理和追踪	由于错误估计空调风管承包商和自动喷水系统安装商具有相同的工作方向（实际上他们是从相反的方向开始的），导致自动喷水系统重复安装	许多时空冲突都是由于对估计缺乏管理和追踪造成的	项目丁开始还未发生	帮助计划工程师了解需要什么信息以及信息从哪里来来实现信息的管理和收集
				通过对信息依赖度的分析重新对计划活动排序来减少估计
				跟踪和管理先前所做的计划中的估计

续表

原因种类	实际问题			新方法的优点
	项目乙	项目丙	项目丁	
建造前期计划方案简单，或者不存在，（包括对信息依赖关系缺乏认识和排序错误	由于忽视了施工方法、时间计划和空间计划之间的联系导致价格很高的银杏树由于长时间无法种植而死	由于没有考虑的员工的现场的临时住所而只有让他们住旅馆导致超支	项目丁才开始还未发生	建立了活动之间的依赖关系，可以开发出建造前期计划的优化方案，计划工程师知道他们什么时候可以得到信息
	由于在现场调研、施工方案和空间计划出来之前制定的糟糕的产品保护计划导致很多产品被损坏。	由于现场没有预留足够的空间为风管制造商制造风管，因此他们在工地之外另找地方作好产品然后运到工地，导致成本上升和工期延迟		

总的来说，这三个案例中的工程人员对新方法的反应是非常积极的，他们发现这种方法很有趣，认为它有潜力，一些人也对其应用进行了初步探讨。这种方法的主要作用如下：

（1）通用的建造前期计划模型代表了计划活动及其详细信息需求，从而帮助计划工程师了解需要做什么，需要什么样的信息来执行，从而能够减少因为大意而出现的错误（比如说忽视了现场进出路线的限制）。进而提高信息收集和管理的水平，它要求建造前期计划过程围绕这些信息来进行制定和管理，而不是围绕计划输出来制定。

（2）该模型与传统的网络分析技术不同，它反应了并能够处理计划过程中迭代特性，通过矩阵技术分析识别来优化相关计划的任务的执行顺序。

（3）新方案不仅承认在建造前期计划中存在估计并且试图通过改进信息采集与管理方式来减少估计的数量，并且能在可用信息出现的时候进行重新计划。当保证建造前期计划得以继续下去估计是必要的手段的时候，新方法鼓励协同工作的方法（包括矩阵分析阶段的团队合作，见优点4），而且更重要的是能对那些估计做好记录，跟踪和管理。

（4）新方案承认建造前期计划存在不确定性，同时也尝试着管理它们。① 调整决策时间来保证信息的完整性和稳定性；② 有选择地将决策内容划分，强化其稳定性；③ 解耦相互依存的任务和隔离不确定性非常高的任务；④ 当任务解耦不可能的时候，将这些任务分组，以最能保证活动的协调性的成员组成一个组（在矩阵中高亮度显示那些"迭代循环"工作，并且认为这些任务应该同时执行来加强工作的协调性）。

项目经理和计划团队可以通过 DSM 矩阵分析来观察变化的影响和分析建造前期计划中的制约因素，从而做出更合理的决定，使变化的影响和决策能够得到合理的解释，建造前期计划的风险也能够得到有效的控制。

结　语

"工程项目是复杂多变的，我国的新区建设与城镇化进展就通常世界经济与产业多变，复杂度极高，不确定性极多的情况下，边规划，边设计、边招商、边建设、边运营。"改为"工程项目是复杂多变的，我国的新区建设通常在世界经济与产业多变，复杂度极高，不确定性极多的情况下，边规划、边设计、边招商、边建设、边运营。"

工程项目是复杂多变的，我国的新区建设通常在世界经济与产业多变，复杂度极高，不确定性极多的情况下，边规划、边设计、边招商、边建设、边运营。这种环境下，有时轰轰烈烈，声势浩大，气魄宏伟，这时计划工程师们更要保持冷静的思考，做到润物细无声；有时困难重重，乱作一团，剪不断，理还乱，计划工程师要勇于担当，以高昂的热情，既要是一名扫雷排障的侦察兵，也要是一位坐镇中区的参谋长，既不忘理想，又以务实的精神找出症结所在，在克服困难中砥砺前行。

由于我们居处环境建设的复杂性、多变性、关联性，我们的理想每每为不可知论所淹没，每每只能处理近期较为现实的问题，从而放弃对整体的关注与未来的引导。但从认识论来说，整体思辨下的动态协同到行动是接近事实本身的唯一途径，"书山有路勤为径，学海无涯苦作舟"也正是强调了行动与实践的作用。因此，计划工程师要不断提练经历，分析当前矛盾，总结事物本身的而不是臆造的发展规律，细化目标方向，并以此为导航，制定指标内容与成果标准，优化实践路径，拟订实践方案，并在实践中就变化了的情况不断调整与动态协同，掌握事物的主动权。正是基于理想与现实的冲突，为了少点遗憾，为生存与发展找出路，我们提出广义计划学的构想。它的出发点不是追求极限发展与建设速度，而是企图寻找事物发展本身的规律，探求理想与现实以及计划本身的哲理，摸索缩小理想与现实距离的基本法则与通用方法。期待更多的行业加入计划工程师的队伍，解决思想，开拓学科领域，扩大影响。

人们总是先要提出问题，认识问题，然后才能逐渐找到解决问题的方案。一种思想，人们一般先会有粗线的想法，随着社会实践的丰富，对其认识会逐渐充实与完善起来。广义计划学的提出，目前还处于提出问题和构想的阶段，它的缔造和发展还待广大学者、工程技术人员与管理人员以及全社会的创造，有待于在实践中前进。

李百毅　郑敏　李百战
2018 年 12 月

参考文献

[1] 柳玲，李百战，杨明宇. 建筑协同设计中冲突模型的研究[J]. 工程图学学报，2006，27(1)：55-60.

[2] 杨劲，吴子燕，孙树栋. 建筑工程设计过程规划研究[J]. 系统工程理论与实践，2005，25(10)：125-130.

[3] 姚咏，熊光楞，范文慧，等. 基于 PDM 的产品开发过程智能化分析与改进[J]. 中国机械工程，2004，15(20)：1857-1861.

[4] 苏永强. 建筑工程设计文件质量评价理论与方法研究[D]. 北京：中国矿业大学，2009.

[5] 许晓芳，肖元真，吴泉国.我国建筑业发展前景预测和对策措施[J].上海市经济管理干部学院学报，2009，7(4)：15-20.

[6] 尚玮. 建筑企业竞争环境分析[J]. 陕西建筑，2009(3)：8-9.

[7] 住房和城乡建设部工程质量安全监管司，住房和城乡建设部. 中国建筑业改革与发展研究报告[M]. 北京：中国建筑工业出版社，2008.

[8] 张朝成. 浅析建筑业企业发展存在的问题及对策[J]. 中国建设信息，2009(12)：24-25.

[9] 郑景秋，郑毅. 施工计划管理的意义及对策[J]. 施工技术，2010(S1)：431-435.

[10] 侯佐明. 浅谈房地产项目计划管理实施的必要性[J]. 科技资讯，2010(21)：161-161.

[11] 王妙云. 化工设备产品开发管理与远程故障诊断研究及应用[D]. 武汉：华中科技大学，2009.

[12] 吴奉亮. 集成化采矿 CAD 的知识协同性研究[D]. 西安：西安科技大学，2009.

[13] 陈庭贵. 基于设计结构矩阵的产品开发过程优化研究[D]. 武汉：华中科技大学，2009.

[14] 陈旺. 产品设计资源受限项目调度规划与算法[D]. 大连：大连理工大学，2010.

[15] 孙学军. 集成产品模型建模及其重用理论和方法的研究与应用[D]. 重庆：重庆大学，2005.

[16] 张汉鹏，邱菀华. 基于 DSM 的产品开发进度规划模型及其应用[J]. 北京航空航天大学学报：社会科学版，2007(1)：22-24.

[17] 纪雪洪，王维. 模块化研究综述[J]. 当代经济管理，2006，28(3)：19-22.

[18] 徐鸿翔，吴晶华，张向华. 基于元胞自动机理论的协同设计任务调度模型[J]. 江苏理工学院学报，2011，17(10)：1-6.

[19] 李峰，刘录，赵晨博. 面向振动控制协同设计任务的时间模型研究[J]. 北京石油化工学院学报，2011，19(3)：16-20.

[20] 汤廷孝，廖文和，黄翔，等. 产品设计过程建模及重组[J]. 华南理工大学学报（自然科学版），2006，34(2)：41-46.

[21] 胡开顺，叶邦彦，王卫平. 面向集群制造的注塑机开放式模块化设计技术[J]. 华南理工大学学报(自然科学版)，2006(11)：39-44.

[22] 李爱平，许静，刘雪梅. 基于设计结构矩阵的耦合活动集求解改进算法[J]. 计算机工程与应用，2011，47(17)：34-36.

[23] ANUMBA C J, UGWU O O, NEWNHAM L, et al. Collaborative design of structures using intelligent agents. Automation in Construction, 2002, 11(1): 89-103.

[24] Austin S, Baldwin A, Li B, et al. Analytical design planning technique: a model of the detailed building design process[J]. Design Studies, 1999, 20(3)：279-296.

[25] 张国军，王翠雨，程强，等. 面向可适应设计的耦合功能集割裂规划[J]. 华中科技大学学报（自然科学版），2008，36(6)：1-3.

[26] Baldwin A N, Austin S A, Hassan T M, et al. Planning building design by simulating information flow[J]. Automation in Construction, 1998, 8(2)：149-163.

[27] 王树明. 工程项目进度优化管理研究[D]. 天津：天津大学，2004.

[28]　Barthelmess P. Collaboration and coordination in process-centered software development environments：a review of the literature[J]. Information and Software Technology，2003，45(13)：911-928.

[29]　李干生，王卓甫，白宏坤. 网络计划计算机仿真与风险分析[J]. 河海大学学报：自然科学版，2001，29(1)：65-69.

[30]　胡肇枢，王卓甫. PERT 网络计算分析之补充[J]. 河海大学学报：自然科学版，2002，30(1)：29-34.

[31]　Laufer A，Tucker R L. Is construction project planning really doing its job?A critical examination of focus，role and process[J]. Construction Management & Economics，1987，5(5)：243-266.

[32]　Laufer A，Denker G R，Shenhar A J. Simultaneous management：The key to excellence in capital projects[J]. International Journal of Project Management，1996，14(4)：189-199.

[33]　MORRIS P W G. Science，objective knowledge and the theory of project management[J]. Civil Engineering，2002，150(150)：82-90.

[34]　Indelicato G. A guide to the project management body of knowledge (PMBOK® guide), fourth edition[J]. Project Management Journal，2010, 40(2)：104-104.

[35]　Waskett P R. Management of the building design process with the Analytical Design Planning Technique[D]. UK：Loughborough University，1999.

[36]　Winch G M. Models of manufacturing and the construction process：the genesis of re-engineering construction[J]. Building Research & Information，2003，31(2)：107-118.

[37]　Winch G M，Kelsey J. What do construction project planners do?[J]. International Journal of Project Management，2005，23(2)：141-149.

[38]　Winch G M. Towards a theory of construction as production by projects[J]. Building Research & Information，2006，34(2)：154-163.

[39]　Winter M，Smith C，Cooke-Davies T，et al. The importance of 'process' in Rethinking Project Management：The story of a UK Government-funded research network[J]. International Journal of Project Management，2006，24(8)：650-662.

[40] 郭庆军，李慧民，赛云秀. 多项目关键链进度优化算法分析[J]. 工业工程与管理，2008，13(6)：41-45.

[41] 许旺松，谭泉玲. 网络计划技术在油田基本建设项目管理中的应用[J]. 广州化工，2011，39(18)：182-184.

[42] 汪世才. 重庆松藻矿区建设工程工期控制若干问题的探讨[J]. 重庆建筑，2011，10(11)：46-48.

[43] Akinci B, Fischer M, Kunz J. Automated Generation of Work Spaces Required by Construction Activities[J]. Journal of Construction Engineering and Management，2002，128(4)：306-315.

[44] Tucker R L. Is construction project planning really doing its job? A critical examination of focus，role and process[J]. Construction Management & Economics，1987，5(5)：243-266.

[45] Laufer A. A micro view of the project planning process[J]. Construction Management and Economics，1992，10(1)：31-43.

[46] Laufer A，Tucker R L，Shapira A，et al. The multiplicity concept in construction project planning[J]. Construction Management and Economics，1994，12(1)：53-65.

[47] Gibson G E，Kaczmarowski J H，Lore H E. Preproject-planning process for capital facilities[J]. Journal of Construction Engineering & Management，1995，121(3)：312-318.

[48] Austin S，Baldwin A，Li B，et al. Analytical design planning technique (ADePT): a dependency structure matrix tool to schedule the building design process[J]. Construction Management & Economics，2000，18(2)：173-182.

[49] Ballard G. The last planner system of production contro. UK：University of Birmingham，2000.

[50] Chau K W，Anson M，Zhang J P. Four-Dimensional Visualization of Construction Scheduling and Site Utilization[J]. Journal of Construction Engineering and Management，2004，130(4)：598-606.

[51] 柳玲，胡登宇，李百战. 基于设计结构矩阵的过程模型优化算法综述[J]. 计算机工程与应用，2006,45(11)：22-25.

[52] 张春晓，龙天渝，李百战. 城市突发生态安全事件应急系统的信息

流程分析与评价[J]. 武汉理工大学学报(社会科学版), 2010, 23(5): 630-635.

[53] 杨明宇, 李百战. 三维虚拟在钢结构项目管理中的应用[J]. 重庆大学学报, 2011(S1): 80-83.

[54] Yang M, LI B, Li N, et al. A prototype of workflow management system for construction design projects[J]. Journal of Chongqing University(English Edition), 2005, 4(3): 144-148.

[55] 柳玲, 李百战, 杨明宇. CAD 文件转换为 SVG 文件的探讨[J]. 计算机应用, 2006, 26(S1): 51-53.

[56] 赵晋敏, 刘继红, 钟毅芳, 等. 并行设计中耦合任务集割裂规划的新方法[J]. 计算机集成制造系统, 2001, 7(4): 36-39.

[57] 唐敦兵, 郑力. 模具并行设计过程建模研究[J]. 系统工程理论与实践, 2000, 20(5): 80-83.

[58] 徐印代. 浅谈建筑幕墙预埋件设计[J]. 施工技术, 2010(S1): 558-561.

[59] 张若美. 建筑施工工地安全生产管理机制探讨[J]. 施工技术, 2010(S1): 473-475.

[60] 袁景森, 彭想林. 施工项目成本管理的影响因素及对策[J]. 施工技术, 2010(S1): 470-472.

[61] 任勇, 温东红, 张培亮. 提高项目成本管理水平是建筑施工企业生存发展之本[J]. 施工技术, 2010(S1): 426-430.

[62] 王勇, 余强, 张勇, 等. 香港政府工程"设计-施工"总承包管理模式与运营风险[J]. 施工技术, 2010, 39(10): 77-81.

[63] 刘肇生, 李满瑞, 杨倩. 综合楼工程的施工进度控制解析[J]. 北京建筑工程学院学报, 2005, 21(2): 69-71.

[64] 万宇. 油田 ERP 建设项目冲突管理策略[J]. 中国石油和化工标准与质量, 2011, 31(8): 201-202.

[65] 丰景春, 胡肇枢. 工程项目进度-投资控制综合子系统数学模型[J]. 建筑技术开发, 1999(3): 35-38.

[66] 田霞. 工程施工计划统计和信息化管理[J]. 甘肃水利水电技术, 2011, 47(7): 59-62.

[67] 张焱, 敖卫. 施工企业计划统计 ERP 信息化管理应用[J]. 中国建

设信息，2008(8)：31-32.

[68] 王志国，高祖才. 对施工企业预算定额编制若干理论的思考[J]. 民营科技，2007(7)：102-102.

[69] 吴中萍，赵敏. 论施工企业预算定额编制原则与方法[J]. 民营科技，2008(5)：69-69.

[70] 黄艺，肖伦斌. 基于网络应用理念的建筑工程技术资料管理系统研究[J]. 四川建筑科学研究，2010，36(5)：252-254.

[71] 侯永刚，杨春节，李平. 网络优化技术在工程项目智能进度管理系统中的应用[J]. 安徽大学学报（自科版），2001，25(4)：31-36.

[72] Choo H J, Hammond J, Tommelein I D, et al. DePlan: a tool for integrated design management[J]. Automation in Construction, 2004, 13(3):313-326.

[73] 张朝成. 浅析建筑业企业发展存在的问题及对策[J]. 中国建设信息，2009(12)：24-25.

[74] Mcdonald B, Smithers M. Implementing a waste management plan during the construction phase of a project：a case study[J]. Construction Management and Economics，1998，16(1)：71-78.

[75] 郑景秋，郑毅. 施工计划管理的意义及对策[J]. 施工技术，2010(S1)：431-435.

[76] Poon C S, Yu A T W, Jaillon L. Reducing building waste at construction sites in Hong Kong[J]. Construction Management and Economics，2004，22(5)：461-470.

[77] Sambasivan M, Soon Y W. Causes and effects of delays in Malaysian construction industry[J]. International Journal of Project Management，2007，25(5)：517-526.

[78] Kaming P F, Olomolaiye P O, Holt G D, et al. Factors influencing construction time and cost overruns on high-rise projects in Indonesia[J]. Construction Management and Economics，1997，15(1)：83-94.

[79] Dainty A R J, Brooke R J. Towards improved construction waste minimisation：a need for improved supply chain integration?[J]. Structural Survey, 2013，22(1)：20-29.

[80] Anumba C J, Bouchlaghem N M, Whyte J, et al. Perspectives on an integrated construction project model[J]. International Journal of Cooperative Information Systems, 2000, 09(03): 283-313.

[81] 侯显夫, 高燕. 论城市综合体的建设与开发——以杭州创新创业新天地综合体开发为例[J]. 改革与开放, 2009(5): 89-90.

[82] Faniran O O, Oluwoye J O, Lenard D. Effective construction planning[J]. Construction Management & Economics, 1994, 12(6): 485-499.

[83] Gibson G E, Kaczmarowski J H, Lore H E. Preproject-planning process for capital facilities[J]. Journal of Construction Engineering & Management, 1995, 121(3): 312-318.